年金数理概論

第3版

―年金アクチュアリー入門―

公益社団法人 **日本年金数理人会** 編

朝倉書店

『新版 年金数理概論』 執筆者一覧 (2012年3月)

枇杷高志 (全体監修, 第9章) 有限責任あずさ監査法人 金融アドバイザリー部 パートナー

小西 陽 (第1章) 三井住友信託銀行株式会社 年金コンサルティング部長

藤井康行 (第1章) 新日本有限責任監査法人 品質管理本部 エグゼクティブディレクター

市川雄二 (第2〜4章) オリックス株式会社 営業推進部年金企画チーム シニアコンサルタント

中名生正路 (第2〜4章) 特定社会保険労務士・年金数理人

横田克也 (第5章) 三菱UFJ信託銀行株式会社 年金コンサルティング部 担当部長

渡部善平 (第6章) 株式会社IICパートナーズ PD&IP担当部長

小松一志 (第7, 8章) 株式会社りそな銀行 年金営業部 主席数理役

井戸照喜 (第10章) 三井住友信託銀行株式会社 投資顧問業務部 投資顧問業務部長

杉田 健 (第10章) 三井住友信託銀行株式会社 ペンション・リサーチ・センター 研究理事

※1 ( )内は分担箇所. 肩書は2013年4月現在.
※2 『新版 年金数理概論』における章番号を記載. なお, 『新版 年金数理概論』の第7章と第8章を本書では第7章に統合したため, 当時の第9章, 第10章の内容はそれぞれ本書の第8章, 第9章に引き継いでいる.

『年金数理概論 第3版』 執筆者一覧 (2020年3月)

枇杷高志 (全体監修, 第1章) 有限責任あずさ監査法人 金融アドバイザリー部 パートナー

藤井康行 (第1章監修) EY新日本有限責任監査法人 品質管理本部 アソシエートパートナー

谷岡綾太 (第2〜6章) PwCコンサルティング合同会社 マネージング ディレクター

小泉辰也 (第7章) みずほ信託銀行株式会社 年金数理部 参事役

小西 陽 (第7章) 三井住友信託銀行株式会社 年金コンサルティング部長

小松一志 (第7章) 株式会社りそな銀行 年金業務部 グループリーダー

堀田晃裕 (第8章) 有限責任監査法人トーマツ ファイナンシャルインダストリー ディレクター

加藤貴士 (第9章) マーサージャパン株式会社 資産運用コンサルティング部門 コンサルタント

※1 ( )内は分担箇所. 肩書は2020年1月現在.

刊行にあたって

　本書は，公益社団法人日本年金数理人会の会員が中心となって大学院で実施している年金数理に関連する講義の内容をベースに，企業年金の数理および周辺知識を含めて作成した入門書である．2003 年に発刊した『年金数理概論』をベースに，2012 年に大きな見直しを行って『新版　年金数理概論』として発刊したが，今回はその後の環境変化を反映した見直しを行ったものである．

　当会は，年金数理人を正会員とする専門職団体であり，1989 年に発足し，2019 年には創立 30 周年を迎えることとなり，2020 年 1 月時点で 600 人強の会員を有している．会員の資質の向上および品位の保持ならびに年金数理業務の改善進歩を図り，確定給付企業年金等の財政の健全性の維持向上等，広く年金制度の普及発展に資するため，必要な事業を行うことを目的としている．2000 年に導入された退職給付会計についても，当会の目的に即した重要な事業として鋭意取り組んでいる．

　大学院における年金数理講義への取り組みは，当会の目的に即した「啓発事業」の 1 つとして 2002 年度から開始したものである．現在は 50 音順に大阪大学，慶應義塾大学，東京理科大学，東北大学，名古屋大学，早稲田大学の 6 つの大学で講座を設けていただき，講師を紹介しているところである．近年では，学部の学生の受講も増加している．これらの講義を受講した院生・学生がその後社会人となって年金数理人として活躍する例も出てきている．

　さて，わが国の企業年金は，1962 年の適格退職年金，1966 年の厚生年金基金の創設以来，国民の老後生活を支える制度として広く普及してきた．その後も，2001 年には確定拠出年金が，2002 年には確定給付企業年金が創設され，企業年金の選択肢はさらに広まった．

　一方で，低金利政策の継続や資本市場の変動あるいは少子高齢化といった要素は，企業年金の財政運営に大きな影響を与えており，このことは退職給付会計を通じて企業業績にも大きく影響することとなっている．一方で，優秀人材確保に資するためにどのような企業年金・退職給付制度を準備するかも，企業にとっては重要な課題となっている．こうした状況下，年金数理人が果たすべき役割は多いと考えている．

　加えて，年金数理人やアクチュアリーの活動領域は，その数理的スキルや問題解決能力を生かして，年金はもちろん，保険，資産運用，リスク管理等の領域にも広がっており，若い理系人材にとって魅力的な資格であると考えている．

　本書は，将来年金数理人やアクチュアリーを目指そうという若い皆さんに対する入門書として書かれたものであるが，企業年金や退職給付制度の運営に携わる方々や，これらに興味と関心を持っている方々にとっても有益なものと考えている．さまざまな分野の方々にご活用いただき，少しでも企業年金の円滑な運営に資することとなれば幸いである．

2020 年 3 月

公益社団法人日本年金数理人会

理事長　小川伊知郎

はしがき

　公益社団法人日本年金数理人会は，2002年度から「啓発事業」の1つとして，大学院における年金数理講義に取り組んできている.

　「年金数理」とは，公的年金や企業年金等を財政面から支える実践的な応用数理の体系であり，保険数学の一分野を構成するものである. 大学院での講義では，この「年金数理」の理論ならびに実務展開に関する分野だけでなく，わが国の年金制度の現状や最近の環境変化，企業会計における退職給付債務の評価，投資理論への応用等についても幅広く取り上げ，企業年金の全貌に触れることができるように工夫している.

　本書は，こうした大学院での講義で実際に使用したレジュメ等に基づいて2003年に刊行された『年金数理概論』の内容を見直し改定刊行したものである. 2012年の『新版　年金数理概論』の刊行時には，年金数理技法の発達，金融数学等との関係を踏まえた見直しを行っており，例えば，計算基数を極力使わずに数理計算式を直接的に表記することや，現実には成立しない「定常状態」を前提とした説明を縮減するなどの対応を行った. 今回はこうした点を踏襲しつつ，直近の企業年金を取り巻く環境変化を踏まえた修正を行った. 具体的には，新たな財政運営基準の施行に伴って第7章（財政運営）の内容を見直したほか，第1章（年金の仕組み）や第8章（退職給付会計），第9章（年金資産運用と年金数理）についても昨今の環境変化を踏まえ所要の見直しを行った. なお，第2章から第6章については，大きな変更はないが，必要な修正を行った.

　当会が取り組んでいる大学院での講義は，若い院生にとって必ずしもなじみ深いとはいえない「年金」という題材を限られた時間の中で扱うが，年金制度

の基礎知識や周辺環境等にも言及し，また，数式以外の直感的な説明も交えて講義を行っている．本書の執筆においても，できるだけその姿勢を貫いたつもりである．

　本書の位置づけは，年金数理および年金アクチュアリー業務に関する「入門テキスト」といえるだろう．本書を読むことによって，年金数理人の業務内容を知っていただき，本格的に年金数理人を目指す方が増えることを期待したい．また，企業年金や年金基金の運営や実務に携わる方をはじめとした多数の方々が，ともすると難解なイメージをもたれがちな「年金数理」について理解を深めていただく一助になれば，幸いである．

　本書の執筆にあたっては，全メンバーによる修正箇所の洗い出しを行った後に分担して執筆を行うことで，内容の充実を図った．ただし，意見や評価にかかる部分はあくまで執筆者の個人的見解であることをご了解いただきたい．また，整合性に欠ける部分があるとすれば，それはすべて監修者である小生の責任であることをあらかじめお断りしておきたい．

　最後に，本書出版の機会を与えていただき，粘り強く力強くご支援いただいた朝倉書店編集部の方々には，改めて深くお礼を申し上げたい．

2020 年 3 月

公益社団法人日本年金数理人会
大学教育推進委員長　　枇 杷 高 志

目　　次

第1章　年金の仕組み ———————————————————————— *1*

　1.1　日本の年金制度の分類　*1*

　1.2　日本の公的年金制度　*3*

　1.3　日本の企業年金の現状と環境の変化　*9*

　練習問題1　*20*

第2章　年金数理の基礎 ———————————————————— *21*

　2.1　年金数理とは　*21*

　2.2　年金数理の基本構造　*22*

　2.3　計算基礎率　*23*

　2.4　その他の計算基礎率　*28*

　練習問題2　*29*

第3章　計算基礎率の算定 ———————————————————— *30*

　3.1　予定利率　*30*

　3.2　予定死亡率　*31*

　3.3　予定脱退率　*32*

　3.4　予定昇給率　*34*

　3.5　予定新規加入者　*37*

　練習問題3　*40*

第4章　年金現価 ———————————————————————————— *41*

　4.1　金利計算　*41*

4.2 確 定 年 金　*42*

4.3 生 命 年 金　*43*

練習問題 4　*46*

第 5 章　財政計画と財政方式 ——————————————— *47*

5.1 財政計画とは　*47*

5.2 財 政 方 式　*48*

5.3 積立目標水準および責任準備金　*57*

練習問題 5　*59*

第 6 章　各種財政方式の構造 ——————————————— *60*

6.1 年金制度および対象集団に関する仮定　*60*

6.2 極限方程式　*63*

6.3 給付現価・人数現価に関する関係式　*63*

6.4 各種財政方式の比較—掛金額・年金資産・責任準備金について—　*66*

6.5 数値例による各種財政方式の概観　*77*

練習問題 6　*83*

第 7 章　財政運営（財政計算，財政決算）——————————— *84*

7.1 財政計算の概要　*84*

7.2 財政計算の実務　*85*

7.3 リスク対応掛金を設定する場合の財政計算　*96*

7.4 財政決算の概要　*98*

7.5 財政検証の実務　*99*

7.6 継続基準の財政検証における要因分析　*102*

7.7 財政悪化リスク相当額導入後の財政検証（継続基準）　*105*

練習問題 7　*106*

第 8 章　退職給付会計 ————————————————— *108*

8.1 退職給付会計の概要　*108*

8.2　退職給付会計と年金財政の相違点　*111*

8.3　退職給付債務の計算　*111*

8.4　退職給付費用の計算　*117*

8.5　退職給付会計の推移のイメージ　*120*

8.6　企業における退職給付会計の注記　*120*

練習問題 8　*122*

第9章　年金資産運用と年金数理 ──────────────── *124*

9.1　企業年金の資産運用と年金 ALM　*124*

9.2　年金運用の実際および最近の動向　*143*

練習問題 9　*154*

練習問題解答 ──────────────────────── *155*

索　　引 ──────────────────────── *167*

1 年金の仕組み

1.1 日本の年金制度の分類

　日本の年金制度は，公的年金と私的年金（企業年金，個人年金）に大別される．このうち，公的年金，および，監督官庁から認可または承認を受けて実施する企業年金等（以下，「企業年金等」と呼ぶ．）の適用対象は図表1.1のとおりである．

　日本の公的年金は，現役世代のすべての者が国民年金（基礎年金）に加入すること（国民皆年金），および，職業等に応じてどの制度が適用されるかが決まること（制度分立）といった特徴がある．また，企業年金等は，企業または本人の選択によって実施または加入するものであり，公的年金（基礎年金）の被保険者区分に応じて，適用できる範囲が決められている．

　これらの年金制度のほかにも，例えば，財形年金，退職一時金，自社年金，あるいは，各種金融機関が提供する金融商品，不動産等の実物資産への投資等も，老後生活の支えとして機能している．

　公的年金の被保険者は，国民年金法第7条第1項の第1号から第3号に規定される被保険者の区分を用いて分類されることが多い．

①　第1号被保険者：　日本国内に住所を有する20歳以上60歳未満の者であって第2号・第3号被保険者ではない者である．自営業者や農業者等が該当する．学生も20歳以上の者は該当する．

　・公的年金としては，国民年金（基礎年金）が適用される．

　・企業年金等としては，国民年金基金と確定拠出年金（個人型）がある．

②　第2号被保険者：　被用者（民間サラリーマンや公務員）のことであり，厚生年金保険の被保険者となっている．

図表 1.1　年金制度の適用対象

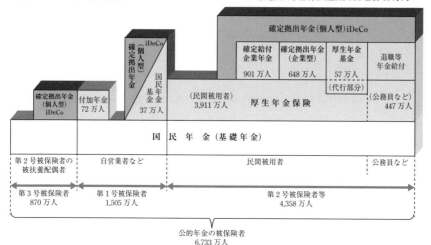

（厚生労働省）

- 厚生年金保険と国民年金（基礎年金）が適用される.
- なお，従前は，公務員は共済年金に加入していたが，2012 年 8 月に成立した法改正によって，被用者年金制度の一元化が図られることとなり，公務員も厚生年金に加入することとなった（経過措置あり）（2015 年 10 月施行）.
- 企業年金等としては，厚生年金基金，確定給付企業年金，確定拠出年金（企業型），および，確定拠出年金（個人型）がある.
- 公務員については，2015 年 10 月の被用者年金制度の一元化によって廃止された職域加算部分の廃止後制度として「退職等年金給付制度」が設けられた. また，2017 年 1 月より，本人の意思により確定拠出年金（個人型）に加入することができるようになった.

③　第 3 号被保険者：　第 2 号被保険者の配偶者であって，主として第 2 号被保険者の収入により生計を維持する者のうち 20 歳以上 60 歳未満の者のことである.

- 公的年金としては，国民年金（基礎年金）が適用される.
- 企業年金等としては，本人の意思により確定拠出年金（個人型）に加

入することができる.

1.2 日本の公的年金制度

1) 公的年金制度の概要

日本の公的年金の役割として,次が挙げられる.

- 稼得所得がなくなる老後の収入の柱となる.
- 定期的に支給されることで,日々の生活維持の一助となる.
- 障害者になったときや生計維持者が亡くなったときに,本人や遺族の生計を助ける.

ここで,公的年金の受給者の規模をみてみると,公的年金(恩給含む)の受給者数は,1989 年(平成元年)には約 2,000 万人であったものが,2014 年には約 4,000 万人規模に拡大し,その後はゆるやかに減少に転じている(図表 1.2).

次に,公的年金(恩給含む)を受給している高齢者世帯の所得構成をみると,公的年金(恩給含む)が 100% となっている世帯の割合が 52.2% を占めており,公的年金が高齢者世帯における主要な収入源になっていることがわかる(図表 1.3).

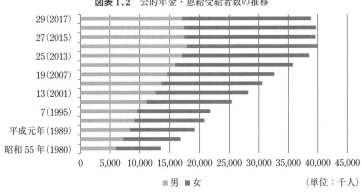

図表 1.2 公的年金・恩給受給者数の推移

■男 ■女 (単位:千人)

注 1) 平成 7 年の数値は,兵庫県を除いたものである.
注 2) 平成 28 年の数値は,熊本県を除いたものである.

(平成 29 年国民生活基礎調査)

図表 1.3　公的年金・恩給を受給している高齢者世帯における公的年金・恩給の総所得に
　　　　　占める割合別世帯数の構成割合

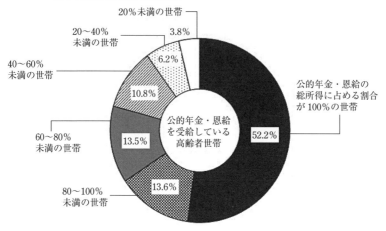

（厚生労働省，国民生活基礎調査 2017 年調査）

2) 公的年金制度の年金額

　代表的な公的年金である厚生年金保険を例にとると，同制度の被保険者であった者が受給する年金額は，「老齢基礎年金」（定額，未納期間に応じて減額あり）と，平均標準報酬（給与と賞与を標準化したものの平均）および被保険者期間によって計算される「老齢厚生年金」との合計である．公的な年金には，賃金や物価の変動率に基づく再評価の仕組みがある．

　厚生労働省によると，2019 年度のモデル年金額は図表 1.4 のとおりである．なお，厚生年金については，夫が平均的な収入（平均標準報酬（賞与含む月額換算）42.8 万円）で 40 年間就業し，妻がその期間すべて専業主婦であったモデル世帯が年金を受け取り始める場合の 2019 年度の新規裁定者（67 歳以下）の

図表 1.4　モデル世帯における年金額

（月額）

厚生年金 （夫婦 2 人分の老齢基礎年金を含む標準的な年金額）	221,504 円
国民年金 （老齢基礎年金(満額)：1 人分）	65,008 円

（厚生労働省 2019 年度の年金額改定について）

年金額とされている.

3) 公的年金の財政

　保険料は，国民年金については被保険者が全額を負担し，厚生年金保険については被保険者と雇用主が折半で負担することになっている．保険料の額は，国民年金では定額で規定されている．厚生年金保険では，標準報酬に保険料率を乗じて保険料の額を計算することとされていて，このなかに，国民年金の本人分と配偶者（第3号被保険者の場合）分の保険料が含まれている．

　2004年の法改正以前においては，5年ごとの財政再計算の際に，社会・経済情勢の変化に伴うさまざまな要素を踏まえて，給付と負担が均衡するよう将来の保険料引上げ計画を策定するとともに，必要に応じて制度改正が行われ保険料率等の改正を行っていた．2004年の法改正では，このような方法を改め，将来の保険料率をあらかじめ法律で定め（図表1.5），年金を支える労働力の減少や平均余命の伸びに応じて給付水準を調整することによって財政の均衡を図る仕組みが組み込まれた．この仕組みは，マクロ経済スライドと呼ばれる．2004年の法改正以降は，5年ごとに財政検証を行い，どの程度まで給付水準を調整する必要があるかを推計し，財政検証を行った時点で調整を終了しても後述する財政均衡期間にわたって年金財政の均衡が図られる見通しとなっているのであれば，給付水準の調整を終了することとされた．

　また，2004年の法改正以前においては，将来にわたる無限の期間を考慮に入れて財政の均衡を考える方式（永久均衡方式）を採っていた．しかしながらこの方法については，予想が極めて困難な遠い将来まで考慮する必要があることや，巨額の積立金を保有することになることの是非について議論があった．このため，2004年の法改正では，一定の期間（財政均衡期間）をあらかじめ設定し，その財政均衡期間において年金財政の均衡を図る方式（有限均衡方式）が採用された．財政均衡期間は，現在すでに生まれている世代が年金の受給を終えるまでという意味で，おおむね100年間とされた．すなわち，2019年の財政検証では2019年からおおむね100年後（正確には96年後）の2115年までの期間において年金財政の均衡を図り，2024年の財政検証では2024年から96年後の2120年までの期間において年金財政の均衡を図ることになる．

図表 1.5　公的年金の保険料

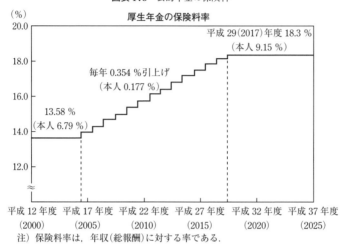

注）保険料率は，年収(総報酬)に対する率である．

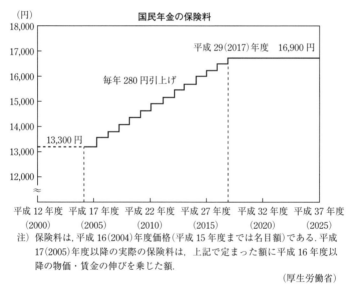

注）保険料は，平成 16(2004)年度価格(平成 15 年度までは名目額)である．平成
　　17(2005)年度以降の実際の保険料は，上記で定まった額に平成 16 年度以
　　降の物価・賃金の伸びを乗じた額．

（厚生労働省）

4)　マクロ経済スライド

　日本では死亡率と出生率が低下してきたことに加え，第 1 次ベビーブームと
第 2 次ベビーブームの人口の偏りが他国に比べ強く，これらが順次高齢化する
ことから，人口構成の高齢化が急速に進んでいる．このため，高齢者 1 人を支

図表 1.6 日本の人口ピラミッド

○団塊の世代がすべて 75 歳となる 2025 年には，75 歳以上が全人口の 18% となる．
○2060 年には，人口は 8,674 万人にまで減少するが，一方で，65 歳以上は全人口の約 40% となる．

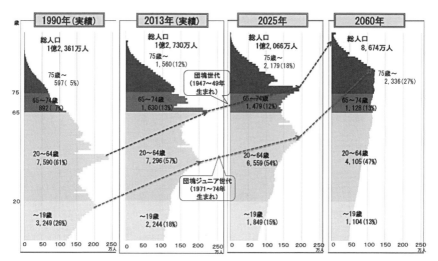

資料：総務省「国勢調査」および「人口推計」，国立社会保障・人口問題研究所「日本の将来推計人
口（平成 24 年 1 月推計）：出生中位・死亡中位推計」（各年 10 月 1 日現在人口）

(厚生労働省)

える現役人口は急速に減少してきており，今後もその傾向が継続するものと見
込まれている．

　このような状況に対応するために導入されたマクロ経済スライドは，賃金や
物価の変動に基づいて年金額を見直す（再評価する）仕組みは残しつつも，公
的年金全体の被保険者数の減少と平均余命の伸びを勘案した「スライド調整
率」によって年金額を抑制するものである．

　具体的には，次の算式を用いて得た年金改定率を用いて年金額を変動させる
ことになる．

年金を初めてもらう人（新規裁定者）

　：年金改定率＝賃金の変動率－スライド調整率

年金をもらっている人（既裁定者）

　：年金改定率＝物価の変動率－スライド調整率

図表 1.7 65 歳以降人口の割合の推移—諸外国との比較（1950～2015 年）

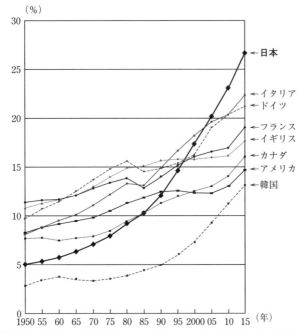

資料：United Nations, "World Population Prospects, The 2015 Revision" による.
　　　ただし，日本は国勢調査の結果による.　　　　　　　　　　　（総務省）

図表 1.8 スライド調整率

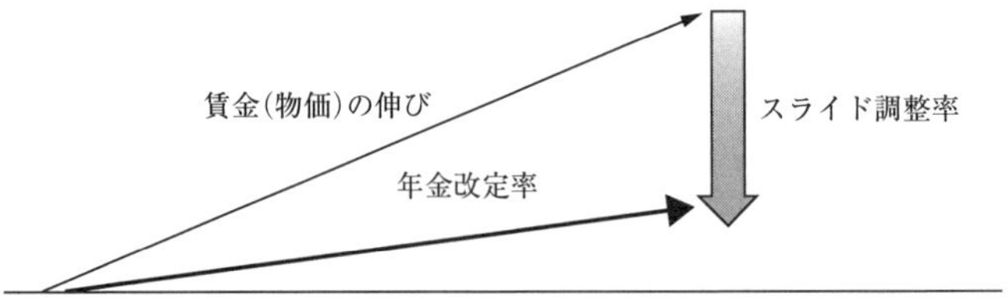

賃金（物価）の伸び

スライド調整率

年金改定率

　なお，このスライド調整率は，「公的年金全体の被保険者の減少率の実績」
と「平均余命の伸びを勘案した一定率（0.3%）」で計算される.

　ただし，賃金や物価の上昇が小さく，この仕組みを適用すると名目額が下が
ってしまう場合には，調整の結果がゼロになるまでに留められることとされ，
また，賃金や物価の伸びがマイナスの場合にはスライド調整は行わないことと
された.

このような例外があるため，デフレ環境下ではスライド調整機能は発動されない場合が多いという課題が指摘されていたが，2018年度からは，マクロ経済スライドによって前年度よりも年金の名目額を下げないという措置は維持した上で，未調整分を翌年度以降に繰り越す仕組み（キャリーオーバー制度）が導入された．しかし，デフレ傾向が長期化しているため，スライド調整が十分に機能しているとはいいにくい．

1.3　日本の企業年金の現状と環境の変化

企業年金とは，従業員の退職に備えて，外部に資金を積み立てる仕組みである．日本の企業年金制度の概要は次のとおりである．

- 企業年金は，退職一時金の一部または全部を原資としているケースが多く，退職時に退職一時金を支払う代わりに，老後に一定期間，もしくは，生存している限り，年金として支払うものである．
- 受給の形態は年金に限らず，退職時または支給開始時等での一時金受け取りも可能．
- 代表的な企業年金としては，確定給付企業年金と確定拠出年金（企業型）がある．
- 確定給付企業年金とは，2002年4月から実施可能となった年金制度で，従来からあった適格退職年金に比し，受給権保護を明確にした確定給付企業年金法に基づく年金制度である．
- 確定拠出年金（企業型）とは，2001年10月から実施可能となった年金制度で，事業主から払い込まれた掛金を従業員である加入者が自らの責任で運用し，その掛金と運用成果をそのまま受け取る形式の制度．
- 日本の企業年金は，あらかじめ給付額の算定方法が定められている給付建ての制度が大半であった．
- 次章以降では，これらの企業年金のうち，もっぱら給付建て制度を対象として記述する．
- 給付建て制度の給付額の定め方としては，定額，最終給与比例，累積給与比例，ポイント制，キャッシュバランス等がある．各方式の概要は図表

図表 1.9　給付建て制度の給付額の定め方の概要

	概要
定額	退職時の勤続または年齢に応じて一定の金額を定める方法．
最終給与比例	退職時の給与に勤続または年齢に応じた一定割合を乗じる方法．
累積給与比例	在職期間中の給与の累積に退職時の勤続または年齢に応じた一定割合を乗じる方法．
ポイント制	在職期間中の資格・役職等に応じたポイントの累積にポイント単価を乗じたものに，さらに，勤続または年齢に応じた一定割合を乗じる方法．
キャッシュバランス	加入者ごとに仮想的な個人勘定を設定して，これに，毎年従業員ごとに付与される「拠出クレジット」に，「利息クレジット」と呼ばれる一定の基準によって設定される利率に基づく利息額を加えていく，いわゆる元利合計型の方法．「拠出クレジット」は，在職中の給与やポイント等に一定率を乗じた額とすることが多い．

1.9 のとおりである．

企業が企業年金を導入する背景としては，次のような事項が挙げられる．

①　税制上の取り扱いにメリットがあること．

②　外部積立によって退職給付が保全されること．

③　退職給付にかかる資金負担が平準化できること．

これをより詳しく説明すると，①企業年金では，企業が年金制度に拠出する掛金額は税制上の取り扱いとして全額を損金とすることができる，②年金資産は，企業の外部に積み立てられるものであり，万が一企業が倒産した場合であっても企業の債権者等への債務弁済に充当されることなく，従業員・受給者等のものとして確保される仕組みとなっている，③企業は，従業員が退職した際に一度に支払うのではなく，入社してから退職するまでの間に平準的に掛金を拠出するので，資金負担の平準化が図れる，ということである．

1）企業年金の変革

i）適格退職年金に関する法制創設の背景　　1950 年代から企業の従業員に対する処遇の充実と従業員の老後の生活資金に充てるという目的から，退職一時金を年金の形で支給する企業が増加してきた．しかし，当時は，退職年金の原資を事前に長期的に積み立てるための税制の手当がなされていなかった．

そこで，企業が従業員の退職金支給に充てるための拠出金の支出とその運用，および受給に関する課税上の取り扱いを整備することが，1961 年 12 月に税制調査会より答申され，1962 年 3 月の税制改正において，外部拠出の年金制度として適格退職年金の枠組みが設けられ，国税庁長官が承認した適格退職年金契約について，企業が拠出する掛金の全額が損金算入できるという税制上の措置が設けられた．

ii）厚生年金基金に関する法制創設の背景　厚生年金基金に関する法制は，1963 年に厚生年金保険の改善が検討された際，厚生大臣の諮問機関である社会保険審議会でその構想について意見が出され，1965 年 6 月に厚生年金保険の大幅な給付改善とともに，厚生年金基金の法制創設を主な内容とする厚生年金保険法の一部を改正する法律が成立したことに伴い，1966 年 10 月より実施された．

厚生年金基金は，企業単位または一定の職域を単位に設立され，その加入員または加入員であった者に対し，老齢を支払事由とする年金給付を行い，老後における生活の安定を図ることを目的としている．具体的には，厚生年金保険の老齢厚生年金の給付の一部を国に代わって支給し，さらに，これに一定の独自給付（プラスアルファ）を上乗せすることにより，被用者の老後について厚生年金よりも厚い給付を行うよう設計されることが特徴である．

2）企業年金をめぐる環境の変化

適格退職年金と厚生年金基金という 2 つの企業年金に関する法制が創設されてから約 30 年が経過した 1990 年代に入ってから，企業年金を取り巻く環境の変化が大きくなってきた．

i）運用・経済環境の変化　1990 年頃から，日本の経済・金融環境は大きく変動しており，それに伴い企業年金をめぐる状況は，運用利回りの著しい低下や母体企業の業績悪化など，かつてないほど厳しいものとなった．2017 年度までの運用実績をみると，図表 1.10 のとおりである．このように運用環境が厳しい状況下で，母体企業自体の経営環境も苦しいため掛金の追加拠出は容易ではなく，こうした状況のなか，安定的な制度運営を求めて，企業年金のあり方の見直しを要望する声が大きくなってきた．

図表 1.10　企業年金の運用利回りの平均の推移

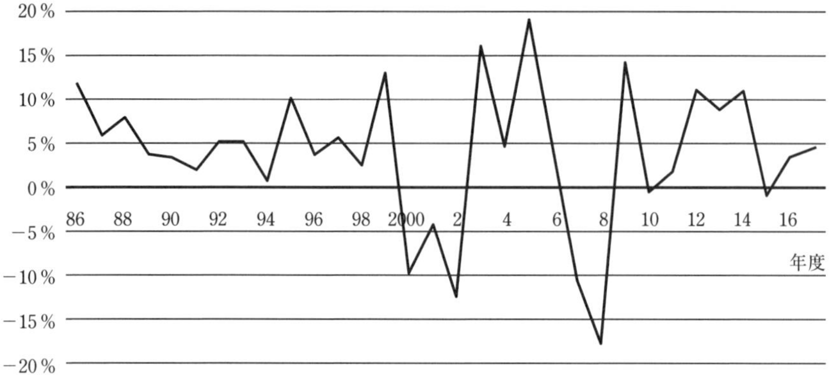

注）企業年金連合会会員合計の集計値．なお，1986 年の利回りは総合利回りであり，1987～1988 年
　　度の修正総合利回りは 1989 年度に再計算した参考値．2011 年度は AIJ 被害会員を除いて集計．
　　　　　　　　　　　　　　　（企業年金連合会，企業年金実態調査 2017 年度概要版）

ii）退職給付会計基準の導入　　　企業活動の国際化に伴い，日本では，国内
の企業会計基準に国際的な会計基準を取り込むことが検討され，2000 年度よ
り退職給付会計基準が導入された．退職給付会計基準の導入の趣旨は，退職給
付を一時金・年金の区別なく共通の方法で評価すること等により，企業の財務
諸表の透明性・比較可能性を高めることにあった．

　それまで日本の企業の財務諸表では，退職一時金については，期末時点の要
支給額（全員がその時点で退職した場合の支給額）の一定割合を引当て計上し
ていた企業が多く，一方で，企業年金については，引当て計上はなく若干のデ
ータが注記されていた．退職給付会計基準の導入により，退職一時金について
も企業年金についても同様の方法で計算した退職給付債務（ただし年金資産等
がある場合はこれを差し引いたもの）を企業の財務諸表上に負債として計上す
ることとされた（図表 1.11）．なお，会計基準変更時に一時的に大きな影響が
出ることのないよう，退職給付会計基準の適用初年度の期首における，「退職
給付会計基準による未積立退職給付債務（退職給付債務－年金資産）」と「従
来の基準により計上された退職給与引当金等」との差額を会計基準変更時差異
として，15 年以内の一定年数にわたり定額法により費用処理することが認め
られた（適用初年度に費用として一括処理することも認められた）．

図表 1.11 企業会計の B/S 上認識すべき負債の比較

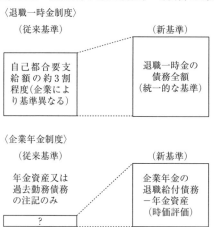

〈退職一時金制度〉

(従来基準)　　　　　　　　　　　　(新基準)

| 自己都合要支給額の約3割程度(企業により基準異なる) | 退職一時金の債務全額(統一的な基準) |

〈企業年金制度〉

(従来基準)　　　　　　　　　　　　(新基準)

年金資産又は過去勤務債務の注記のみ

| ? | 企業年金の退職給付債務－年金資産(時価評価) |

　このように，企業年金や退職金制度の支払に関する多額の債務が企業の財務諸表に計上されることとなったため，退職給付制度の財務負担が企業財務を圧迫することとなった．このような流れのなかで給付建ての退職金・年金制度自体を見直す動きが出てくることとなり，これに対応できる企業年金制度が切望されるようになった．

　iii）産業構造・雇用形態の変化　　大規模な M&A（合併・買収）等による企業再編が数多く行われるようになる一方，異なる企業年金制度間での合併・分割・権利義務移転が迅速に行えないために，こうした企業再編等を阻害するケースも起こり，その改善が求められるようになった．

　また，長期雇用が企業組織にもたらすメリットが相対的に低下し，能力を発揮し成果を上げた社員を高く処遇する成果主義を導入する企業が増え，特に情報技術の発達を背景に伝統的な雇用形態は大きく変化した．このような動きのなかで，転職時の年金資産の移換（ポータビリティ）を確保できる年金制度の要請が高まってきた．

　iv）適格年金の諸問題　　適格年金についても，資産運用環境の低迷等の影響を受けて財政状況の悪化が進んだが，適格年金については，積立基準や情報開示などの加入者等の受給権を保護するしくみが不十分であり，積立水準が悪化しても追加拠出が強制されず，また企業が適格年金を廃止する際にも積立不

足を抱えたまま廃止することが可能であった．このため，適格年金の廃止時に加入者に対する残余財産の分配が十分になされないケースも多くみられた．

3) 企業年金2法の成立

前述のような環境変化のなか，2001 年 6 月に確定拠出年金法と確定給付企業年金法が成立し，確定拠出年金法は同年 10 月から，確定給付企業年金法は2002 年 4 月から，それぞれ施行された．

企業年金2法の制定により，既存の企業年金については以下の措置がなされ，企業としての対応が求められることとなった．

- 厚生年金基金を有する企業は，厚生年金の代行を行わない他の企業年金制度への移行が可能となった．
- 2002 年 4 月以降の新規の適格退職年金契約が停止され，既存の制度は十分な経過期間（10 年間）を設け，他の企業年金制度（確定給付企業年金や確定拠出年金等）に移行，もしくは，廃止することとなった．

図表 1.12　制度の種類別にみた企業年金加入者数の推移

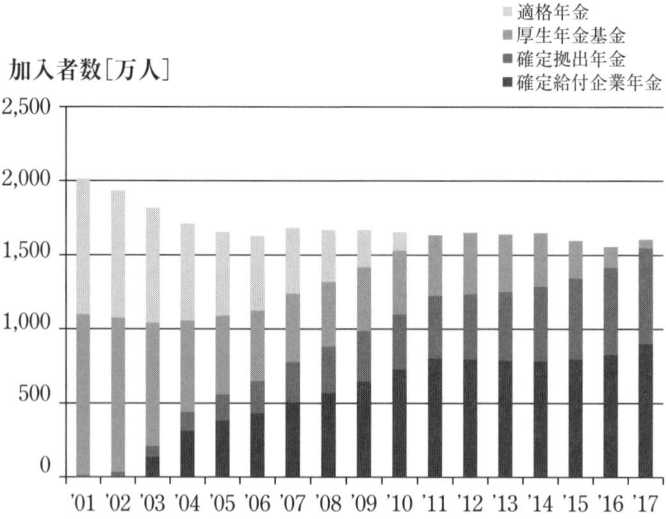

(社会保障審議会企業年金部会資料，厚生労働省ウェブサイト，企業年金連合会ウェブサイトおよび生命保険協会，信託協会，JA 共済連「厚生年金基金・確定給付企業年金の受託概況」を基に作成)

　この結果，企業が単独または企業グループで設立する厚生年金基金の多くが
他の制度に移行し，厚生年金基金の多くは資本関係のない企業が業界団体等を
設立母体として組織するいわゆる「総合型」が大半となった．また，適格退職
年金については 10 年をかけて他の制度に移行または廃止することとなった．
このように，企業年金の採用状況は大きく変化し，制度の種類別にみた企業年
金の加入者数は図表 1.12 のとおりとなった．

4) 厚生年金基金の原則廃止と確定給付企業年金の見直し

　超低金利政策の導入や変動の大きい株式相場等を背景に運用難が続くなか，
多くの厚生年金基金が巨額の損失を被ったことが社会問題となった．これらを
受けて，2014 年の法改正により厚生年金基金の新設が停止され，既存制度に
ついても原則として他の制度への移行や解散といった選択を行うことが求めら
れることとなった．

　また，確定給付企業年金においては，2017 年 1 月に「リスク対応掛金」と
「リスク分担型企業年金」という新たな選択肢が認められた．

　リスク対応掛金とは，資産運用の悪化等によって将来発生する可能性のある
積立不足の額（財政悪化リスク相当額）を測定し，その範囲内で追加的な掛金
の拠出を行うものである．従前は，すでに発生した積立不足を解消するために
追加拠出を行うことが原則であったが，この方式では，景気悪化局面において
資産運用の低迷を受けて企業に追加拠出を求めることとなり，景気の悪化を受
けて掛金負担能力が低下している企業にとっての負担感が大きいことが指摘さ
れていた．リスク対応掛金は，将来の資産運用の悪化等に備えて好況時に掛金
拠出が行えるため，年金財政の安定に資するものと考えられる．

　また，リスク分担型企業年金は，企業があらかじめ将来の財政悪化リスク相
当額に見合った追加掛金を拠出する一方で，想定を上回るリスクが実現した場
合には従業員の給付額を自動的に増減することで財政の均衡を図る仕組みであ
る．

5) 給付建ての企業年金の詳細

　i) 基本的な枠組み　　確定給付企業年金には，「規約型企業年金」と「基

図表 1.13 既約型・基金型の制度のスキーム

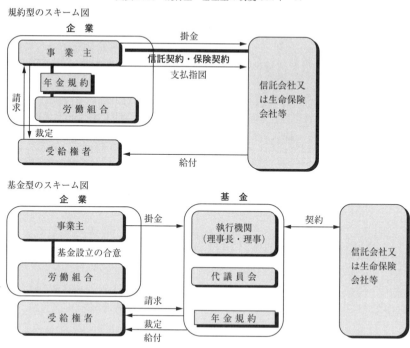

規約型のスキーム図

基金型のスキーム図

金型企業年金」とがある.

・規約型企業年金：　労使が合意して厚生労働省が承認した年金規約に基づ
き，事業主と信託会社・生命保険会社等が契約を結び，母体企業の外で年金資
産を管理・運用し，年金給付を行う.

・基金型企業年金（企業年金基金）：　母体企業とは別の法人格をもった企
業年金基金の設立を厚生労働省が認可した上で，基金が信託会社・生命保険会
社等と契約を結び，年金資産を管理・運用し，年金給付を行う.

　これら規約型の制度と基金型の制度のスキームを示すと図表1.13のとおり
となる.

ii) 受給権保護　　確定給付企業年金法では，受給権保護のため，積立義務
を明確にし，事業主や基金の理事，資産運用機関の行為準則を定め，さらに加
入者や年金受給者に対する業務概況等の開示を徹底することとしている．ここ
では，そのなかでも年金数理に最も関係の深い積立義務に関する事項について

説明する.

　事業主等は，将来にわたって約束した給付が支給できるよう，年金資産の積立を行わなければならない．そのため，財政再計算と財政検証が義務付けられており，図表 1.14 のような仕組みとなっている．具体的には，制度導入時に設定した掛金率について定期的に見直しを行うこと（財政再計算）に加え，毎年の財政決算時には，制度が今後も継続していくことを前提とした場合に必要な積立ができているかの検証（継続基準の財政検証）と，制度を現時点で終了した場合に必要な積立ができているかの検証（非継続基準の財政検証）を行い，一定基準に従い積立が不十分な場合には掛金を引き上げることが義務付けられている．また，この財政検証や財政再計算の結果を記した「年金数理に関する書類」については，年金数理人が，適正な年金数理に基づいて作成されていることを確認し，署名押印をすることとされている．

iii）税制上の取り扱い　　確定給付企業年金の税制上の取り扱いは次のとおりとなっている．

図表 1.14　積立水準を確保するための仕組み

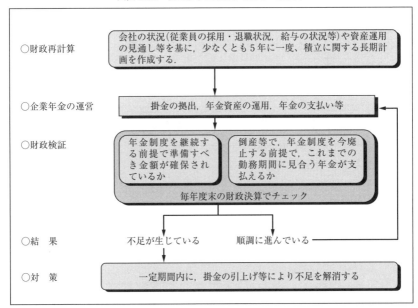

拠出時：　事業主拠出の掛金は全額損金（税法上必要経費と認められるもの）に算入．本人拠出の掛金は生命保険料控除の対象．

運用時：　積立金に対して特別法人税（約1.2％＝国税1.0％＋地方税約0.2％）が課税される．ただし，特別法人税は1999（平成11）年4月以降，課税が凍結されている．

給付時：　受給時課税が原則だが，年金の場合は公的年金等控除が適用されるほか，一時金の場合は退職所得控除が適用されて分離課税の取り扱いとなる．

6) 確定拠出年金の概要

　確定拠出年金とは，あらかじめ毎月拠出する掛金を定め，これを従業員自身の投資の選択に基づいて運用し，その運用成果を高齢期に受け取る制度である．給付額はあらかじめ決まっておらず，運用結果によって異なるものである．各個人の持分（個人別管理資産額）が明確に区分され，詳細は運営管理機関（銀行等）から定期的に報告されることとなっている．この制度には，企業が掛金を拠出する「企業型年金*1」と個人が掛金を拠出する「個人型年金（通称iDeCo）*2」の2種類がある．また，個人型年金については当初は自営業者や企業年金制度のない企業に勤務するサラリーマンが対象であったが，2017年1月の法改正で公務員や専業主婦等を含む幅広い層が加入できる制度となった．

　確定拠出年金の拠出額には上限が設けられている．また，企業型年金では2011年の法改正によって企業と従業員が双方拠出できることになったが，以前は従業員拠出が認められていなかったため，実際には企業のみが拠出する制度も少なくない．一方，個人型年金では加入者本人が拠出する制度となっている．

　この制度では，運用は加入者が自己責任で行うため，適切な金融商品や投資

---

*1　企業単位で実施する確定拠出年金制度であって，企業が各従業員の口座に掛金を払い込み，その残高を従業員が運用するもの．

*2　企業単位ではなく，不特定多数の民間サラリーマンや公務員・自営業者・専業主婦を対象とした確定拠出年金制度であって，各加入者が自身の収入の一部を各自の口座に払い込み，その残高を運用するもの

図表 1.15 給付建て企業年金と確定拠出年金の比較

	給付建て企業年金	確定拠出年金（企業型）
個人勘定	資産は全体で管理され，個人勘定はない	個人別管理資産として区分管理されている（離職時にポータブルも可能）
運用責任	企業が負担し，不足が発生すれば掛金アップとなる	加入者の自己責任によって投資対象，割合を選択する（⇒ 投資教育が不可欠）
給付額の明示	年金規約等により給付額の算定方法を明示する	運用結果で変動するため，事前の明示はできない

に必要な十分な情報提供が重要であるとの考えに基づいて，企業型年金の場合には事業主が従業員に投資教育を行うことが義務付けられている．

なお，確定拠出年金では，従業員自身が行った運用結果が悪くても企業には穴埋めの義務がないため，退職給付会計上，退職給付債務を認識する必要がない．このため，企業が退職給付債務対策の一環として導入を検討するケースも多い．

参考までに，従来型の給付建ての企業年金制度と掛金建ての制度である確定拠出年金（企業型）を主な項目で比較すると図表 1.15 のとおりとなる．

7) ポータビリティの拡充

企業の合併や事業再編，あるいは転職者の増加に伴い，異なる年金制度間での年金資産のスムーズな移換（ポータビリティ）を求めるニーズが高まったことを受けた法令改正がなされてきている．

まず，確定拠出年金については，個々の加入者が確定拠出年金口座を有しており，自身の年金資産額が明確であるため，そもそも転籍や転職をした場合の移換がしやすい仕組みとなっている．

また，確定給付企業年金については，以前は転籍・転職後の会社への資産移換が困難であったが，現在は，新旧会社間の年金規約に定めがあれば転職先に年金資産を持ち込むことが可能となっている．

さらに，確定給付企業年金と確定拠出年金の間での資産移換も一定の条件の下で実施が可能となっている．

◆ 練 習 問 題 1 ◆

1. マクロ経済スライドの背景，仕組み，および，課題について述べよ．

2. 確定給付企業年金法や確定拠出年金法が制定されるに至った背景について述べよ．

3. 確定給付企業年金法が制定されたことにより，企業年金制度において取り扱いが可能となった事項について述べよ．

2 年金数理の基礎

2.1 年金数理とは

　給付建ての企業年金制度や退職一時金制度では，従業員の退職や年金受給者の生存等に対し，あらかじめ定められたルールに従って年金（一時金）を支給することが求められる．このような「お金」を扱う制度に関係する者にとって，「いつ，どのくらいのお金が必要になるか」を把握することは重要である．

　例えば，企業年金制度では，従業員が一定の要件を満たした場合にその者に制度から年金または一時金を支給することになる．この給付を確実に行うために，年金制度を運営する者には，まず将来の給付に必要な金額を予測し，その必要額をどのように準備するかが課題になる．この必要額の準備方法は，給付が発生するまでの間に計画的に掛金を積み立てることも考えられるし，給付が必要になった時点で資金を準備することも考えられるが，いずれにしても，いつどのくらいの金額を払わなければならないかを具体的に予測することは有益と考えられる．

　一方，企業年金制度や退職一時金を実施する企業は，従業員に対して給付の支払義務を負っていると考えられるが，こうした企業の株主（企業に出資している者）や債権者（お金を貸している者）にとって，あるいは株主や債権者になろうとしている者（人や銀行等）にとって，この企業が負っている支払義務がどの程度あるかは重要な関心事となるだろう．そのため企業は，将来支払うべき年金や一時金の額を予測し，当該義務の多寡を株主や債権者に対して定量的に説明することが求められる．

　また，将来支払うであろう年金や一時金は，上述のとおり金額と時期の組み合わせ（つまり，「いつ」「いくら」支払うか）で予測されることになるが，こ

れを単一の数値で表現できれば便利である．そのため，異なる時期で発生する
それぞれの金額をある一時点の価値として評価し，これを合算したものを当該
制度の給付の大きさを表す額として利用することも考えられる．

　以下では，上述のように，将来発生する（支払うべき）給付についてその時
期と金額を定量的に見積もる手法，それらの見積もり額を全体として単一の金
額に集約して捉える手法，およびそれらに関する理論や考え方を総称して「年
金数理」と呼び，当該年金数理に基づいて行われる計算を「年金数理計算」と
呼ぶことにする．

　以下では，実際に，年金数理に使用されている計算手法について述べる．

2.2　年金数理の基本構造

年金数理計算の典型的な流れはおおむね以下のとおりである．

　① 将来の支払額の予測（将来予測）

　　　　↓

　② ある時点への割引評価

　　　　↓

　③ 債務評価方法の選択

　ここでいう「将来予測」とは，年金制度や退職一時金制度から支給される給
付額が，いつ・いくら発生するかを予測することである．ここで，給付額の計
算式については各制度の規約で定められているが，従業員の退職時期や受給者
の死亡時期，あるいは給付額の算定基礎となる給与の昇給等については現時点
で確定していないため，ある前提条件を置いてこれらを予測することになる．
このような前提条件を「計算基礎率」といい，詳細は後述する．

　なお，この「計算基礎率」を確率変数として（例えば平均と分散をもつもの
として）取り扱うことも考えられるが，実務では単に将来の事象（例えば退職
や死亡）が生起する割合として設定していることが多い．

　将来の給付額が予測できたら，次に，この給付予測額を今後得られる利息や
収益の基礎となる利率で割り引いた「現在価値」を求める．

　具体的には，当該年金制度の t 年後の給付額が $A(t)$ と予測されたとすると，

当該制度の総給付額の現在価値は，各年度の給付額 $A(t)$ （$t=1,2,3,\cdots$）を当該期間 t に対応した「割引率」によってそれぞれ割引評価し合計することで算出される．すなわち，全期間にわたって利率が一定であると仮定すれば，総給付額の現在価値は

$$\frac{A(1)}{(1+\text{利率})}+\frac{A(2)}{(1+\text{利率})^2}+\frac{A(3)}{(1+\text{利率})^3}+\cdots+\frac{A(t)}{(1+\text{利率})^t}$$

となる．

　こうして求めた現在価値は，将来の給付の総額に対応するものである．ここで，もし今から将来の給付までの間に資金を積み立てる計画を立てる場合でも，すべての給付の支払が完了するのは先のことであり，必ずしも現時点で全額が必要なわけではない．逆に，給付の総額に対応する金額を現時点で用意してしまって今後は資金を積み立てる計画をしない方法もあれば，あらかじめ資金の準備はせずに支払いが必要な時期になってはじめて資金を準備するという方法もある．

　このように，現時点での必要額（債務）の評価方法は，今から将来にわたっての運営計画に応じて決められることになる．このような運営計画の選択については，第5章「財政方式」で詳述する．

〔参考〕　**金融商品等の評価との比較**　　債券の理論価格の評価でも年金数理と似た手法を用いる．

　例えば，1年経過するたびにクーポン（利息）A 円が払われ，5年後（満期時）に元金 B 円が償還される債券の場合，将来のキャッシュフロー（収入）の現在価値は，

$$\frac{A}{(1+\text{利率})}+\frac{A}{(1+\text{利率})^2}+\frac{A}{(1+\text{利率})^3}+\frac{A}{(1+\text{利率})^4}+\frac{A+B}{(1+\text{利率})^5}$$

と計算される．

2.3　計 算 基 礎 率

前節で説明した，将来予測を行うための見積もり計算に用いられる前提条件

を「計算基礎率」または単に「基礎率」という．計算基礎率には代表的なものとして予定利率，予定死亡率，予定脱退率，予定昇給率等がある．

　例えば，確定給付企業年金制度の財政運営では，予定利率は長期予測に基づき設定し，退職率や昇給率等は個別企業の従業員等の実績データおよび将来の予測に基づいて設定される．

1）予定利率（割引率）

　割引計算をする上で使用する率で，退職給付会計では「割引率」と呼ばれる．一方，年金制度の財政運営においては，積立金が投資運用され，時間の経過に伴って利息等の収益を生み出すことを前提としているため，財政計算に際して何らかの利率を想定することが考えられる．このような，年金制度の積立金から1年に生み出される収益率の仮定を「予定利率」といい，割引計算の率としても使用されている．

2）予定死亡率

　予定死亡率は制度に加入している集団の特性（例えば，性別や年齢）に応じて決定されるべき情報であるが，発生率の小さい確率の推計は，対象となる集団が大きくないと統計上の誤差が大きくなってしまうため，集団の実績に基づいた推計値を用いることが難しい．実際，日本の多くの年金制度では総人口あるいは厚生年金保険の被保険者全体で算定された死亡率を基準に一定の補整を加えて使用している．

　ここでは後の章の議論に必要なので，予定死亡率に基づいて作成された「死亡残存表」について触れておく．死亡残存表は予定死亡率により定まる人員分布を表したものである．死亡残存表においては，まず l_0 人が同時に生まれたと仮定して，x 歳まで生存した人の人数を l_x と表す．また，$l_x=0$ をはじめて満たす x を最終年齢といい ω で表す．

　（なお，本書に用いる記号（x, l_x, d_x 等）は連続変数ともいえるが，本書では離散型変数として取り扱っている．）

　x 歳の生存数 l_x 人の中で（$x+1$）歳に到達することなく死亡する者の数を d_x 人と表すと

$$d_x = l_x - l_{x+1}$$

である．1年間を単位とした生存率 p_x および死亡率 q_x は

$$p_x = \frac{l_{x+1}}{l_x}, \quad q_x = \frac{d_x}{l_x}$$

と表され（図表2.1），

$$p_x + q_x = \frac{l_{x+1}}{l_x} + \frac{d_x}{l_x} = \frac{l_{x+1} + (l_x - l_{x+1})}{l_x} = \frac{l_x}{l_x} = 1$$

となる．死亡残存表は予定死亡率により定まる年齢別の生存者数および死亡者数を表したものである．図表2.2は死亡残存表の一例である．

現在 x 歳の者が n 年間生存する確率 $_np_x$ は

$$_np_x = (1-q_x)(1-q_{x+1})\cdots(1-q_{x+n-1})$$

$$= \prod_{k=1}^{n}(1-q_{x+k-1})$$

$$= \prod_{k=1}^{n} p_{x+k-1} = \frac{l_{x+1}}{l_x}\frac{l_{x+2}}{l_{x+1}}\cdots\frac{l_{x+n}}{l_{x+n-1}} = \frac{l_{x+n}}{l_x}$$

図表2.1 死亡残存表のイメージ

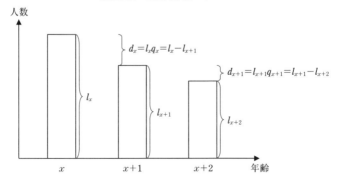

図表2.2 死亡残存表の例

年齢 x	生存数 l_x	死亡数 d_x	生存率 p_x	死亡率 q_x
0	100,000	456	0.99544	0.00456
1	99,544	69	0.99931	0.00069
2	99,475	51	0.99949	0.00051
3	99,424	37	0.99963	0.00037
4	99,387	29	0.99971	0.00029
⋮	⋮	⋮	⋮	⋮

と表され，x 歳の者が n 年間に死亡する確率 $_nq_x$ は

$$_nq_x = 1 - {}_np_x = \frac{l_x - l_{x+n}}{l_x}$$

と表される．

　現在 x 歳の者が $(n+1)$ 年目に死亡する確率 $_{n|}q_x$ は，x 歳の者が n 年間生存し $(n+1)$ 年目に $(x+n)$ 歳で死亡する確率であるから，

$$_{n|}q_x = {}_np_x q_{x+n} = \left\{\prod_{k=1}^{n}(1 - q_{x+k-1})\right\} q_{x+n} = \left(\prod_{k=1}^{n} p_{x+k-1}\right) q_{x+n} = \frac{l_{x+n}}{l_x}\frac{d_{x+n}}{l_{x+n}} = \frac{d_{x+n}}{l_x}$$

と表される．

　また，現在 x 歳の者が今後平均的に何年生存するかという年数を x 歳の平均余命といい，$\mathring{e}_x$ で表す．

　ここで，$\mathring{e}_x$ は次のように計算される．

　x 歳の者 l_x 人のうち，1 年目に死亡する者は d_x 人であり，年間での死亡が一様に生じると考えれば，この d_x 人の生存期間の平均は 1/2 年と考えられる．同様に 2 年目に死亡する者は d_{x+1} 人であり，その生存期間の平均は $(1+1/2)$ 年と考えられる．以下同様に考えれば，x 歳の者 l_x 人の生存期間の合計は

$$\frac{1}{2}d_x + \left(1+\frac{1}{2}\right)d_{x+1} + \left(2+\frac{1}{2}\right)d_{x+2} + \cdots + \left\{(\omega-x-1)+\frac{1}{2}\right\}d_{\omega-1}$$

$$= \frac{1}{2}(l_x - l_{x+1}) + \left(1+\frac{1}{2}\right)(l_{x+1} - l_{x+2}) + \left(2+\frac{1}{2}\right)(l_{x+2} - l_{x+3}) + \cdots$$

$$+ \left\{(\omega-x-1)+\frac{1}{2}\right\}l_{\omega-1}$$

$$= \frac{1}{2}l_x + \sum_{t=1}^{\omega-x-1} l_{x+t}$$

となる．$\mathring{e}_x$ はこの合計期間を当初の人数 l_x 人で除して求めることができ，

$$\mathring{e}_x = \frac{\dfrac{1}{2}l_x + \displaystyle\sum_{t=1}^{\omega-x-1} l_{x+t}}{l_x} = \frac{1}{2} + \frac{1}{l_x}\sum_{t=1}^{\omega-x-1} l_{x+t}$$

と表される．

　特に 0 歳の平均余命 $\mathring{e}_0$ を平均寿命という．

3) 予定脱退率

　予定脱退率とは，加入者が将来どのような傾向で制度から脱退していくかを推計する基礎率である．死亡率が性別や年齢による関数であったのに対して，死亡以外の理由による脱退の場合は，性別や年齢のほかに，加入後の期間も脱退率に影響を与えていることも考えられるが，費用対効果等の観点から，加入後の期間等は考慮せずに性別や年齢ごとに算定されることが多い．

　予定脱退率を用いるにあたっては，脱退率を基に加入者の推移および脱退者の発生状況を表にまとめた「脱退残存表」を作成し，計算に利用すると便利である（図表2.3）．

　脱退残存表においては，残存数に生存脱退率（$q_x^{(w)}$）および死亡脱退率（$q_x^{(d)}$）をそれぞれ乗じて，生存脱退数（$d_x^{(w)}$）および死亡脱退数（$d_x^{(d)}$）を計算し，残存数から生存脱退数および死亡脱退数を減じて，1年齢上の残存数が算出される．すなわち

$$d_x^{(w)} = l_x^{(T)} q_x^{(w)}$$
$$d_x^{(d)} = l_x^{(T)} q_x^{(d)}$$
$$l_{x+1}^{(T)} = l_x^{(T)} - d_x^{(w)} - d_x^{(d)} = l_x^{(T)} (1 - q_x^{(w)} - q_x^{(d)}) = l_x^{(T)} p_x^{(T)}$$

である（l_x の添字（T）は脱退残存表における値であることを示している）．

　脱退残存表においても生命表で定義した $\mathring{e}_x$ を考えることができる．この場合の $\mathring{e}_x$ は x 歳で年金制度に加入した者の平均加入期間と考えることができる．この x 歳での平均加入期間（$\mathring{e}_x$）の逆数はその年齢で加入した者の平均脱退率を表している．

図表2.3 脱退残存表の例

年齢 x	残存数 $l_x^{(T)}$	生存脱退数 $d_x^{(w)}$	死亡脱退数 $d_x^{(d)}$	残存率 $p_x^{(T)}$	生存脱退率 $q_x^{(w)}$	死亡脱退率 $q_x^{(d)}$
25	100,000	5,389	100	0.94511	0.05389	0.00100
26	94,511	4,724	94	0.94903	0.04998	0.00099
27	89,693	3,999	90	0.95411	0.04459	0.00100
28	85,604	3,234	88	0.96119	0.03778	0.00103
29	82,282	2,544	89	0.96800	0.03092	0.00108
⋮	⋮	⋮	⋮	⋮	⋮	⋮

4) 予定昇給率

予定昇給率は，将来の給与の推計のために用いられる．一般に昇給率といえ
ば，例えば20歳の人が21歳になったとき，給与が何％上がったかというよう
に年齢ごとに1年間で給与がどの程度変化するかを定めたものであるが，ここ
では年齢ごとの給与指数を予定昇給率ということにする．

予定昇給率の決定にあたっては，いわゆるベースアップ[*1]があれば見込む
ことを検討する．ベースアップ等を見込む場合を「動態的昇給率」，見込まな
い場合を「静態的昇給率」という．なお，給与指数の算定方法は後述（第3章
4節を参照）する．

2.4 その他の計算基礎率

制度の内容に応じて，これまで述べてきた計算基礎率のほかに，以下のよう
な計算基礎率を設定することがある．

例えば，夫の死後，妻の生存を条件に年金を支給する場合とか，親の死後そ
の子の生存を条件に年金を支給する場合のように，複数の者の生死が年金の支
給条件になっている場合（いわゆる連生年金）は，有配偶率や有子率を仮定し
て給付総額を予測する必要が生じてくる．また，障害者に対し掛金払込みおよ
び給付に特定の取り扱いを行う制度では障害率を用いることがあるし，さらに
公的年金のように強制適用で保険料免除が設けられている場合には，その運営
にあたり必要となる保険料免除率や保険料収納率を用いている．

また，年金の受給資格を得て退職した者に対して一時金での受け取りを選択
できる（選択一時金）制度もある．この場合，年金が終身年金である場合や，
年金給付利率（退職金等の給付原資を年金として分割払いする際に付利する利
率）が掛金率算定上の予定利率よりも大きい場合は，年金を選択した者への給
付のための原資のほうが一時金を選択した者への給付のための原資より多く必
要になるため，一時金選択率が低いほど給付原資はより多く必要になる．この
ような制度の場合は，実際の年金受給実績等を勘案して一時金選択率を決定す

[*1] 物価上昇等に併せて会社の賃金水準全体を引き上げること．

る.

さらに，日本のキャッシュバランスプランでは，仮想個人勘定残高に対して所定の利息を付与して給付額が計算されるが，この利率は将来の市場金利等に連動して決まる場合が多い．そのため，この利率の見通しを計算基礎率として見込む必要がある．

◆ 練 習 問 題 2 ◆

1. $l_x = \sum_{t=0}^{\omega-x-1} d_{x+t}$ の意味を言葉で説明せよ．さらに，この等式を証明せよ．

2. 20 歳から 99 歳までの生命表を考える．各年齢の死亡率を $q_x = \dfrac{1}{100-x}$ とするとき，20 歳から 99 歳までの生命表 l_x（$l_{20} = 10{,}000$ とする），p_x, d_x, $\mathring{e}_x$ を計算せよ（表計算ソフト使用可）．

3 計算基礎率の算定

本章では，確定給付企業年金制度で使用される主な計算基礎率について，具体的にどのように設定するのかを説明する.

3.1 予 定 利 率

年金制度においては，積立金はさまざまな方法により投資運用され，時間の経過に伴って利息等の収益を生み出すことを前提としているため，財政計算に際しては何らかの利率を想定することが考えられる. 金利水準が経済の状況により変化するのに加え，予定利率の変動はそのほかの計算基礎率の変動に比べ，掛金に与える影響が相対的に大きいことが多いため，年金財政上どのような水準の予定利率を用いるかを決定するのは重要である.

予定利率を決定するにあたっては，いくつかの考え方がありうる. 第1の考えは長期的な年金制度の財政運営において，実際の運用利回りがこれを下回らないような水準に位置付けることである. この場合の予定利率は実際の運用利回りが予定利率を下回る確率を小さくすることが期待できる保守的な水準に決定されることになろう. 第2の考えは将来の事象としての推計値にできるだけ近いものを予定利率とすることであり，実際の運営と事前の推計とを近付けようという考えである. この場合は金利動向に関する情報のほかに，すでに積立金として運用されている資産に関する情報も判断材料に予定利率の水準を決定することとなる.

確定給付企業年金制度では，下限の利率はあるものの，予定利率はそれぞれの企業年金制度で定めることになっている. 本来，予定利率は経済変数との関係が深いことから，時間によって変動する関数として設定する考え方もある

が，実務上は一定の率として設定して定期的に見直すことで対応している．

〔規制の例〕 予定利率は，積立金の運用収益の長期の予測に基づき合理的に定められるものとする．ただし，国債の利回りを勘案して厚生労働大臣が定める率を下回ってはならない．（確定給付企業年金法施行規則）

3.2 予 定 死 亡 率

予定死亡率は加入者（本文では制度に加入中の者を指すものとし，すでに制度を脱退した年金受給者等は含まないものとする）が年金制度から脱退する事由の1つとしての推計に用いられるほか，年金受給者等の給付を終了する時期に関する推計に用いられる．一般に予定死亡率は性別・年齢ごとに算定されることが多いが，企業年金等では，現役で働いている加入者の死亡率は退職後の年金受給者等の死亡率よりも低いと考えられることから，加入者・年金受給者等に別々の予定死亡率を適用することもある．

予定死亡率は制度に加入している集団の特性に応じて決定されるべき情報であるが，統計的に発生率の小さい確率の推計は，対象となる集団が大きくないと統計上の誤差が大きくなってしまう．このため，総人口全体あるいは厚生年金保険の被保険者全体で算定された厚生労働大臣が定めた死亡率を基準に一定の補整を加えて使用している．

〔規制の例〕 予定死亡率は，加入者等（加入者および加入者であった者をいう．以下同じ）およびその遺族の性別および年齢に応じた死亡率として厚生労働大臣が定める率（以下「基準死亡率」という）とする．ただし，当該確定給付企業年金の加入者等およびその遺族の死亡の実績および予測に基づき，次の各号に掲げる加入者，加入者であった者またはその遺族の区分に応じ，当該各号に定める範囲内で定めた率を基準死亡率に乗じたものとすることができる．
　　イ 加入者 零以上
　　ロ 男子であって，加入者であった者またはその遺族（ニに掲げる者を除く）0.9以上1.0以下

ハ　女子であって，加入者であった者またはその遺族（ニに掲げる者を
　　除く）0.85 以上 1.0 以下

ニ　障害給付金の受給権者（イに掲げる者を除く）1.0 以上

（確定給付企業年金法施行規則）

3.3　予 定 脱 退 率

1)　予定脱退率

　予定脱退率とは年金制度の加入者が将来各年齢でどの程度年金制度から生存
脱退していくかを見込む割合で，通常，最低加入年齢[*1]から計算上の最終年
齢[*2]まで年齢ごとに定められる.

2)　予定脱退率の算出手順

　予定脱退率を算出する手順は以下の①〜③のとおりである.

　① 在職者，退職者の統計表作成：　現在および過去の在職・退職の実績デー
タを基に，年度別・年齢別に，在職者・退職者の統計表を作成する.

　② 粗製脱退率の算出：　在職者・退職者の統計表の年齢別分布数値を基に，
年齢ごとに次の算式で粗製脱退率を算出する.

$$x \text{ 歳の粗製脱退率} = \frac{x \text{ 歳の生存退職者数}}{x \text{ 歳の期始在籍者数} + x \text{ 歳の新規加入者数}}$$

　なお，実務上は，当期中に加入した新規加入者が平均的に半年間在籍したと
して，期中の新規加入者数の半分を分母に加えるケースもある（図表3.1）.

　また，年齢ごとの母数が少数の場合は，連続した複数の年齢（例えば5歳幅
ごと）による集団を作成し，粗製脱退率を求める場合もある.

　③ 予定脱退率の算出：　当該企業（基金）の脱退傾向を示す率として，近

　[*1]　最低加入年齢とは，当該年金制度の加入条件を満たす最も若い年齢のことで，通常は15歳（中
学校卒業後すぐに入社し，制度に加入した場合）とすることが多い.ただし，加入条件に年齢や勤続
による制限が設けられている場合には，その年齢あるいは15歳に必要な勤続年数を加えた年齢（例え
ば勤続3年という加入条件があれば18歳）が最低加入年齢となる.

　[*2]　通常は定年年齢が計算上の最終年齢となる.しかし，定年後の再雇用期間についてもその期間
を通算して退職年金（あるいは一時金）の額を計算する場合や，その期間を掛金計算の対象とするよ
うな制度においては，定年後の加入者の実態を考慮して計算上の最終年齢を定める.

図表 3.1　年齢・年度別在職者・退職者統計表

年齢	−3年度				−2年度				−1年度				合　計				LX	粗製脱退率
	LXA	LXB	RXA	RXB	LXA	LXB	RXA	RXB	LXA	LXB	RXA	RXB	LXA	LXB	RXA	RXB		
15 ⋮ 19	4		1		5				5				14		1		7.0	0.00000
20	1	1			3		1		5	1	1		9	3	1		10.5	0.09524
21	1	1			2	4			4	2			7	7			10.5	0.00000
22	6		1		2	2	1		6		2		14	2	4		15.0	0.26667
23	1	1			5	1			3	1			9	3			10.5	0.00000
24	3		2		2	1			6		1		11	1	3		11.5	0.26087
25	5	1	1		1				3				9	1	1		9.5	0.10526
26	3			1	5				1	1			9	1		1	9.5	0.00000
27	6	2	1	1	2				5				13	2	1	1	14.0	0.07143
28 ⋮	5	1	1		6	1			2				13	2	1		14.0	0.07143
合計	179	20	13	3	183	22	4	0	201	17	10	0	563	59	27	3	592.5	

LXA：期始在籍者数, LXB：期中の新規加入者数, RXA：LXAからの退職者数, RXB：期中の死亡退職者数, LX：LXA＋LXB÷2. 粗製脱退率：RXA（合計）÷LX.

図表 3.2　5点移動平均法による補整のイメージ

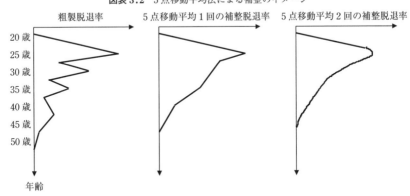

接する年齢間で脱退率が大きく変化する理由がないのであれば，凹凸の少ない滑らかな曲線となるように粗製脱退率を補整する．

　代表的な補整方法の1つとして，ある年齢の補整脱退率をその年齢の前後2歳ずつ計5歳の粗製脱退率の平均として求める「5点移動平均法」がある．

年齢 x 歳の粗製脱退率を q_x とし，5点移動平均法により補整した脱退率を q_x' とすると，

$$q_x' = \frac{q_{x-2} + q_{x-1} + q_x + q_{x+1} + q_{x+2}}{5}$$

5点移動平均法で粗製脱退率を補整した後，さらにもう一度5点移動平均法を行い補整を加えることによって，脱退率のカーブはさらに滑らかなものとなる（図表3.2）．

> 〔規制の例〕 予定脱退率は，当該確定給付企業年金の加入者の脱退の実績（原則として，計算基準日の属する事業年度の前三事業年度の全部を含む三年以上の期間における実績とする．）および予測に基づき定められるものとする．（確定給付企業年金法施行規則）

3.4 予 定 昇 給 率

1）予定昇給率

通常，最低加入年齢から計算上の最終年齢までのモデル給与を算出し，それを指数化したものを給与指数として利用している．掛金や年金額が給与に比例して定められる年金制度において必要であり，予定脱退率と同様，当該企業の実績値に基づき算出される．

2）給与指数の算定手順（一例）

① 粗平均給与の算出： 統計資料から直接的に粗平均給与を算出する．

　a）年齢別平均給与より算出する方法

$$x\text{ 歳の粗平均給与} = \frac{x\text{ 歳の加入者の給与合計}}{x\text{ 歳の加入者の人数合計}}$$

　b）年齢・勤続別平均給与より算出する方法： 勤続年数の増加に伴う給与の上昇の影響を反映させる方法であり，ある年齢で入社した者を中心として，前後一定年齢幅 n に含まれる加入者の給与合計を，その人員で除した値を用いる．

　〔例〕 20歳入社者を基準として前後 $n=4$ 歳幅に含まれる加入者の粗平均

給与を求める場合

　　　20歳の粗平均給与＝勤続0年の16～24歳までの平均給与

　　　21歳の粗平均給与＝勤続1年の17～25歳までの平均給与

　　　22歳の粗平均給与＝勤続2年の18～26歳までの平均給与

　　　23歳の粗平均給与＝勤続3年の19～27歳までの平均給与

　　　　　⋮　　　　　　　　　　　　　　　　　　⋮

② 補整給与の算出：　脱退率の補整と同様，近接する年齢間で給与が大きく変化する理由がないのであれば凹凸が滑らかになるように補整を行う.

　具体的な補整方法としては，最小自乗法，移動平均法等があるが，ここでは最小自乗法により1次式（直線）に補整する方法を例にとって説明する.

最小自乗法（1次式）：　年齢ごとに凹凸がある粗平均給与を，年齢に従って上昇する1次直線に補整する方法である. この1次直線は，各年齢の粗平均給与と直線上の補整給与との差の2乗の合計額，すなわち，図表3.3で

$$a^2 + b^2 + c^2 + d^2 + \cdots$$

が一番小さくなるように求める.

　年齢ごとに，粗平均給与の算出の基となった人数の重みを加味することもある.

　この場合，粗平均給与の算出の基となった各年齢の人数を，M_{18}, M_{19}, M_{20}, M_{21}, M_{22}, …とし，

$$M_{18}a^2 + M_{19}b^2 + M_{20}c^2 + M_{21}d^2 + \cdots$$

が一番小さくなるように1次直線を求めることになる（図表3.3）.

図表3.3　最小自乗法（1次式）のイメージ

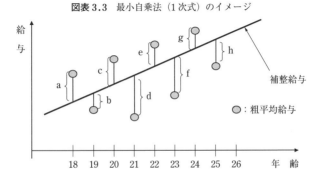

③ 上下限の設定： 掛金や年金額の計算に使用する給与に上下限がある場合，補整給与にも上下限を設ける必要がある．補整給与に上限を設ける方法には，例えば次のような方法がある．

  a) 年齢によって上限を設ける方法（一定年齢以上は昇給を行わない企業の場合等に適用）

  b) 給与額そのものに上限を設ける方法（日本の公的年金等のように給与テーブルに上限がある場合等に適用）

④ ベースアップの反映： 静態的昇給率にはベースアップが反映されない（ある一時点の状態のみを前提に算定するため）ことから，現実にベースアップが生じれば，実際の給付額，掛金はベースアップ後の給与に基づいて算出されるため，当初掛金計算の際に予定した給付額，掛金額との間に乖離が生じる．

  そこで，企業年金制度では掛金計算時点であらかじめベースアップを見込んだ動態的昇給率を使用することも認められている．

⑤ 給与指数の算出： 各年齢の補整給与を最低加入年齢の補整給与で割ると，給与指数が算出できる（図表3.4）．

図表3.4 予定昇給率表

年齢(歳)	人数(人)	粗平均給与(円)	補整給与(円)	給与指数
15	0	0	47,080	1.000
16	0	0	54,307	1.154
17	0	0	61,534	1.307
18	0	0	68,761	1.461
19	0	0	75,988	1.614
20	0	0	83,215	1.768
21	1	87,400	90,442	1.921
22	1	98,500	97,669	2.075
23	2	96,000	104,896	2.228
24	4	95,700	112,123	2.382
25	2	118,595	119,350	2.535
26	0	0	126,577	2.689
27	5	118,400	133,804	2.842
28	4	122,490	141,031	2.996
29	3	149,377	148,258	3.149
30	6	160,470	155,485	3.303
⋮	⋮	⋮	⋮	⋮

> ○ベースアップを見込んだ昇給指数を算定する方法
>
> 　静態的昇給率を基礎に算定する方法（一例）
>
> $$B_x = B_{x-1} \times \frac{b_x}{b_{x-1}} \times (1 + ベースアップ率)$$
>
> 　ただし，B_x：x 歳での給与指数，b_x：x 歳での静態的給与指数．

3.5　予定新規加入者

1)　予定新規加入者

　年金財政では，将来の加入者を想定することもあり，その場合は年金制度の財政運営にあたって新規加入者に関する見込みが必要となる．例えば，将来の加入者がある特定の年齢で加入し，その特定の年齢に基づく標準的な掛金を前提に制度運営を行うような場合には，新規加入年齢に関する情報も計算に必要な前提条件である．通常は平均的な加入年齢や代表的な加入年齢をもって新規加入の年齢としている．

2)　予定新規加入年齢の算定

　通常，過去 3 年間以上の新規加入者の実績に基づいて算定する．新規加入年齢の代表的な算定方法には以下のものがある．

　a) 平均加入年齢：　過去 3 年間以上の新規加入者実績の単純平均年齢を予定新規加入年齢とする方法である．

　b) モード年齢：　過去 3 年間以上の新規加入者実績の最も多い年齢を予定新規加入年齢とする方法である．

　c) 収支相等年齢：　過去 3 年間以上の新規加入者の実績に基づいて，当該新規加入者集団にかかる給付の現価および給与の現価を算出し，この集団について収入と支出が相等する平均的な掛金率を計算する．そして，その掛金率が何歳で加入した場合の掛金率に近いかを調べ，それによって得られた年齢を新規加入年齢とする方法である（後に説明する開放基金方式等で用いられる）．

〔参考〕 将来加入者を見込む財政方式の場合の計算例

制度の運営にあたって，現在の加入者だけでなく，将来の加入者についても一定数が年金制度に新たに加入し続けることを前提とした財政方式の場合（後に説明する開放基金方式等）には，将来の加入者についても，年齢，年間加入者数および加入時の給与額を見込む必要が生じる．この場合の将来の加入者の見込みに関しては，その制度が将来的に加入者数や給与総額において一定規模を保つことができるような新規加入者数と給与額を見込むことを基本とするが，実務上の計算においては，実績や傾向と比較して，財政上の健全性を損なわないように配慮される．ただし，一定期間新規加入者数が確定している場合は実態に合わせた補整を行うこともある．以下に予定加入者数および予定新規加入給与の算出例を示す．

① 予定新規加入年齢の算定： 過去3年間以上の新規加入者の実績に基づいて，当該新規加入者集団にかかる給付の現価および給与の現価を算出し，この集団について収入と支出が相等する平均的な掛金率を計算する．そして，その掛金率が何歳で加入した場合の掛金率に近いかを調べ，それによって得られた年齢を新規加入年齢とする（収支相等年齢）．

② 予定新規加入者数の算定： 脱退残存表および加入者総数より算定する．現時点の人員分布が図表3.5のような集団について予定新規加入者数を算出する．図表3.6に示すように脱退残存表上の残存者数を l_x で表す．

今後 x_e 歳の新規加入者が αl_{x_e} 人ずつ毎年加入し続けて脱退が計算基礎率どおり起こるとすれば，将来は図表3.7のような人員分布になり，図表3.6脱退残存表の残存者数 l_x と $x_e < x < x_{r-1}$ で相似形となる．すなわち，その時の人数を L' とすれば

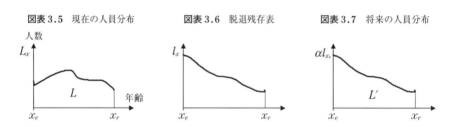

図表3.5 現在の人員分布   図表3.6 脱退残存表   図表3.7 将来の人員分布

$$L' = \alpha \left\{ \frac{1}{2}(l_{x_e} + l_{x_e+1}) + \frac{1}{2}(l_{x_e+1} + l_{x_e+2}) + \cdots + \frac{1}{2}(l_{x_r-2} + l_{x_r-1}) + \frac{1}{2}l_{x_r-1} \right\}$$

$$= \alpha \left\{ \frac{1}{2}l_{x_e} + \sum_{x=x_e+1}^{x_r-1} l_x \right\}$$

集団の人数を L とすれば $L = L'$ となる α は

$$\alpha = \frac{L}{\frac{1}{2}l_{x_e} + \sum\limits_{x=x_e+1}^{x_r-1} l_x}$$

よって毎年 x_e 歳の新規加入者の人数 αl_{x_e} を

$$\alpha l_{x_e} = \frac{L}{\frac{1}{2} + \frac{1}{l_{x_e}}\sum\limits_{x=x_e+1}^{x_r-1} l_x}$$

と見込めばよいことになる.

$$\mathring{e}_{x_e} = \frac{1}{2} + \frac{1}{l_{x_e}}\sum_{x=x_e+1}^{x_r-1} l_x$$

であることを考慮すると,

$$新規加入者 = \frac{加入者総数}{脱退残存表による x_e 歳の平均加入期間}$$

となる.

③ 予定新規加入給与の算定: 脱退残存表, 給与指数および現在加入者の平均給与を用いて算定する.

給与を b_x とし, 同様に将来の給与総額 B' が現在の給与総額と一致するような条件は, 予定新規加入者1人あたりの給与を βb_{x_e} として,

$$B = B' = \beta b_{x_e}\frac{1}{2}\alpha l_{x_e} + \sum_{x=x_e+1}^{x_r-1} \beta b_x \alpha l_x$$

変形すれば

$$\beta = \frac{B}{\alpha\left(\frac{1}{2}b_{x_e}l_{x_e} + \sum\limits_{x=x_e+1}^{x_r-1} b_x l_x\right)} = \frac{\frac{1}{2}l_{x_e} + \sum\limits_{x=x_e+1}^{x_r-1} l_x}{L} \times \frac{B}{\frac{1}{2}b_{x_e}l_{x_e} + \sum\limits_{x-x_e+1}^{x_r-1} b_x l_x}$$

$$\therefore \quad \beta b_{x_e} = \frac{B}{L} \times \frac{b_{x_e}\left(\frac{1}{2}l_{x_e} + \sum\limits_{x=x_e+1}^{x_r-1} l_x\right)}{\frac{1}{2}b_{x_e}l_{x_e} + \sum\limits_{x=x_e+1}^{x_r-1} b_x l_x}$$

よって

$$新規加入者給与＝加入者の平均給与 \times \frac{b_{x_e}\left(\dfrac{1}{2}l_{x_e}+\displaystyle\sum_{x=x_e+1}^{x_r-1} l_x\right)}{\dfrac{1}{2}b_{x_e}l_{x_e}+\displaystyle\sum_{x=x_e+1}^{x_r-1} b_x l_x}$$

となる.

◆ 練 習 問 題 3 ◆

1. ある企業の過去 3 年間の脱退実績を集計したものの一部が次の表である. 表に基づき以下の問いに答えよ. なお, 答えは小数第 6 位を四捨五入せよ.

　・各歳ごとの粗製脱退率を求めよ.

　・30〜34 歳の 5 点移動平均脱退率を求めよ.

年 齢	加入員数合計	脱退者数合計	年 齢	加入員数合計	脱退者数合計
25	121.5	5	35	76.0	0
26	138.0	5	36	85.0	1
27	145.5	7	37	87.0	3
28	120.0	11	38	87.5	3
29	108.0	4	39	85.0	1
30	94.5	4			
31	80.5	1			
32	75.0	1			
33	58.0	3			
34	66.0	4			

2. 下表はある企業年金制度の給与指数の一部である. 22 歳の者の給与が 20 万円の場合, 25 歳時点の給与はいくらと想定できるか. また, 給与指数以外に, 1 年あたり 1% のベースアップが見込まれる場合は 25 歳時点の給与はいくらと想定できるか. 両者とも円未満を四捨五入せよ.

年 齢	給与指数
20	1.0000
21	1.0563
22	1.1126
23	1.1689
24	1.2252
25	1.2815

4 年 金 現 価

4.1 金 利 計 算

1) 単利と複利

企業年金制度では，後述する賦課方式を財政方式として用いている場合を除き，積立金が形成され，積立金から得られる運用収益を見込んで財政運営がなされる．したがって，年金数理の計算では時間の経過に対応して利息を考慮することが前提となる．

ここで，単位の元本に対し1年間に生ずる利息を「利子率（または利率）」といい，記号 i で表す．

期始元本 P_0 に対する n 年後の元利合計額 P_n は次の式で表される．

① 利息を元本に繰り入れない（再投資を行わない）場合…〔単利計算〕

$$P_n = P_0(1+ni) \tag{4.1}$$

② 毎年期始に利息を元本に繰り入れる場合…〔複利計算〕

$$P_n = P_0(1+i)^n \tag{4.2}$$

年金数理の計算は複利計算を前提として行われる．

2) 現在価値

第2章で述べたとおり，将来の金額について割引率を用いて現在の価値に割り引いて計算したものを「割引現在価値」というが，年金数理においてはこれを「現価」と呼ぶ．

(4.2) 式でみると，n 年後に生じる価値 P_n の現価は P_0 となる．逆に P_n は P_0 の「終価」と呼ばれる．

また，(4.2) 式は次のように変形できる．

$$P_0 = P_n \left(\frac{1}{1+i}\right)^n = P_n v^n, \qquad \text{ここで } v = \frac{1}{1+i} \qquad (4.3)$$

$v = 1/(1+i)$ は，1 年後の単位金額に対する現価である．単位金額に対する終価および現価をおのおの終価率，現価率といい，これらは利子率 i と期間 n により決定される．

4.2 確 定 年 金

---

1) 確定年金

確定年金とは，年金受給者の生死にかかわらず，一定期間の支払いを約束する年金である．

2) 確定年金現価の算出

① 支払い期間を n 年，支払い時期は各年度末（期末払い），1 年ごとの年金額を P，割引率を i，現価率を v とすると，支払いの現価は次のように表される．

$$\text{第 1 回目の支払いの現価}\cdots P\frac{1}{1+i} = Pv$$

$$\text{第 2 回目の支払いの現価}\cdots Pv^2$$

$$\vdots$$

$$\text{第 } n \text{ 回目の支払いの現価}\cdots Pv^n$$

したがって，支払いの現価の総和は次のように表される．

$$Pv + Pv^2 + \cdots + Pv^n = P(v + v^2 + \cdots + v^n)$$

$$= P\frac{v(1-v^n)}{1-v} = Pa_{\overline{n}|}$$

記号 $a_{\overline{n}|}$ は期末払い n 年確定年金の単位年金額に対する現価を表し，確定年金現価率という．また，$a_{\overline{n}|}$ は次のようにも記述できる．

$$a_{\overline{n}|} = \frac{v(1-v^n)}{1-v} = \frac{1-v^n}{i} \qquad (4.4)$$

$Pa_{\overline{n}|}$ は年金額 P の期末払い n 年確定年金現価と等価であるから，現時点で $Pa_{\overline{n}|}$ の金額を準備すればこの年金を支払うことができる．

② 支払い時期を各年度の始め（期始払い）と，他の条件は①と同じとした場合，第 k 回目の支払いは常に期末払いよりも 1 年早くなされるので，現価は期末払い年金現価の $1/v$ 倍になる．期始払いの年金現価率は $\ddot{a}_{\overline{n}|}$ と表され，期末払いの年金現価率との関係は次のとおりである．

$$\ddot{a}_{\overline{n}|}=\frac{1}{v}a_{\overline{n}|}=(1+i)a_{\overline{n}|} \tag{4.5}$$

③ 年金の支給開始年齢よりも若い年齢で退職した者に年金を支払う場合の年金現価を求める．この場合，他の条件が①と同様であれば，支給開始年齢における年金現価は①と同額になるので，退職時点の年金現価は退職から支給開始時までの期間（据置期間）だけ割り引いた金額になる．したがって，据置期間を u 年とすれば，u 年据え置きの n 年確定年金現価 $_{u|}a_{\overline{n}|}$ は，支給開始時点における年金現価率は（4.4）式で求められるので，

$$_{u|}a_{\overline{n}|}=v^{u}a_{\overline{n}|} \tag{4.6}$$

となる．据置期間のあるそのほかの年金も同様である．

4.3 生 命 年 金

1) 生命年金

　生命年金とは受給者の生死により年金の支給内容が変わるものをいい，年金受給者が 1 人のものを単生命年金，夫婦等 2 人以上の者の生死により支給要件が変わるものを連生年金という．

　なお，本書では単生命年金のみを取り扱う．

2) 終身年金，有期年金

　終身年金とは，年金受給者が生存していることを条件に年金額を支払う年金で，支給期間に定めのないものをいう．これに対して，有期年金とは，終身年金と同様に年金受給者の生存を条件に年金を支払うものであるが，年金受給者が生存していてもある一定の支給期間が満了した際には支払いが終了する年金である．

　終身年金，有期年金の年金現価は次のように求められる．

　現在年齢がx歳，期始払いの場合，終身年金および有期年金（支給期間n年）の現価はそれぞれ，以下のとおりとなる．

　まず，受給者がy歳時の支払い額の現価を求める．

　受給者がy歳（$y \geqq x$）まで生存している確率は${}_{y-x}p_x = l_y/l_x$であるから，y歳時の支払い額の期待値はl_y/l_xとなる．また，支払い時点まで（$y-x$）年あるから，期待値の現価は（l_y/l_x）v^{y-x}である．

　x歳開始終身年金，x歳開始n年有期年金の年金現価率をそれぞれ，$\ddot{a}_x$，$\ddot{a}_{x:\overline{n}|}$で表すと，上記のことから

$$\ddot{a}_x = \frac{1}{l_x}(l_x + l_{x+1}v + l_{x+2}v^2 + \cdots + l_\omega v^{\omega-x}) = \frac{\sum_{t=0}^{\omega-x} v^t l_{x+t}}{l_x} \tag{4.7}$$

$$\ddot{a}_{x:\overline{n}|} = \frac{1}{l_x}(l_x + l_{x+1}v + l_{x+2}v^2 + \cdots + l_{x+n-1}v^{n-1}) = \frac{\sum_{t=0}^{n-1} v^t l_{x+t}}{l_x} \tag{4.8}$$

となる．

　次に年金の支給開始までに据置期間のある場合を考える．確定年金のときと同様に支給開始時点の年金現価を現時点で評価し直せばよいから，支給開始の年齢をy歳，現時点の年齢をx歳とするとそれぞれ以下のように表される．

$$_{y-x|}\ddot{a}_x = \frac{l_y}{l_x}v^{y-x}\ddot{a}_y \tag{4.9}$$

$$_{y-x|}\ddot{a}_{x:\overline{n}|} = \frac{l_y}{l_x}v^{y-x}\ddot{a}_{y:\overline{n}|} \tag{4.10}$$

その他の年金現価も同様である．

3）保証期間付終身年金

　保証期間付終身年金とは，年金支給開始後の一定期間を保証期間とし，この期間中に年金受給者が死亡した場合は支払いを終了せず，保証期間満了時まで遺族等に年金を支給する年金のことである．保証期間経過後は通常の終身年金と同様，年金受給者の生存が支給要件である．

　x歳における即時支給開始n年保証終身年金は，「n年確定年金」と「$(x+n)$歳まで据え置く終身年金」に分解することができるので，その年金現価率は

$$\ddot{a}_{\overline{n}|} + {}_{n|}\ddot{a}_x \tag{4.11}$$

となる．期始払い以外の支払い方法においても同様である．

据置期間がある場合も，確定年金部分と終身年金部分をおのおの独立に考慮すればよい．（4.11）式で支給開始年齢が y 歳であれば，

$$v^{y-x}\ddot{a}_{\overline{n}|} + {}_{y+n-x|}\ddot{a}_x \tag{4.12}$$

と表される．

ただし，これは据置期間中に年金受給者が死亡したとしても，遺族等への支給開始時期は年金受給者本人が生存していた場合と同じと仮定した算式である．

据置期間のある保証期間付終身年金には，据置期間中に本人が死亡した場合，遺族には死亡の翌期始から支給するものがある．遺族への年金額が本人の額と変わらない場合には，確定年金部分の支払いが早まることになるので，（4.12）式とは異なってくる．

年金受給者本人の死亡年齢を z 歳 $(x \leqq z < y)$ とすると，死亡翌期始支給開始の確定年金現価は

$${}_{z+1-x|}\ddot{a}_{\overline{n}|} = v^{z+1-x}\ddot{a}_{\overline{n}|} \tag{4.13}$$

となる．年金受給者が z 歳で死亡する確率は d_z/l_x であるから，この部分の年金現価は

$$\frac{d_z}{l_x}v^{z+1-x}\ddot{a}_{\overline{n}|} \tag{4.14}$$

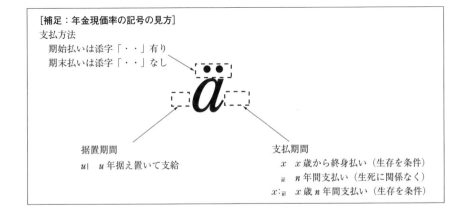

[補足：年金現価率の記号の見方]
支払方法
　　期始払いは添字「‥」有り
　　期末払いは添字「‥」なし

据置期間
　$u|$　u 年据え置いて支給

支払期間
　　x　x 歳から終身払い（生存を条件）
　　$\overline{n}|$　n 年間支払い（生死に関係なく）
　　$x:\overline{n}|$　x 歳 n 年間支払い（生存を条件）

で表すことができる．したがって，$x \leqq z < y$ の各年齢での死亡率での死亡に対する現価をすべて考慮すると，求める年金現価率は次のようになる．

$$\sum_{z=x}^{y-1} \frac{d_z}{l_x} v^{z+1-x} \ddot{a}_{\overline{n}|} + \frac{l_y}{l_x} v^{y-x} \ddot{a}_{\overline{n}|} + {}_{y+n-x|} \ddot{a}_x \tag{4.15}$$

◆ 練 習 問 題 4 ◆

1. 年金額 1，即時開始，年 1 回期始払い n 年確定年金の現価は 12.69091，終価は 18.38022 である．利率を求めよ．

2. 初年度の年金額が 1，t 年度の年金額が r^{t-1} のとき，期始払い n 年確定年金現価率を求めよ．ただし，$v = 1/(1+i)$，$vr \neq 1$ とする．

3. 1 年後に 1 万円，2 年後に 3 万円，5 年後に 10 万円を支払うとしたとき，次の利率の下での現価はいくらか（円未満四捨五入）．

   利率：最初の 1 年間は 2.0%

   　　　次の 3 年間は 3.0%

   　　　その後の 1 年間は 4.0%

5 財政計画と財政方式

5.1 財政計画とは

　年金制度は年金規約や年金規程によって定められた給付を行うことを目的としている．そして，その年金制度から支給される諸給付の財源に充てるため掛金を拠出し，また，積立金を保有するのが一般的である．

　前述したとおり，年金制度には，給付の算定方式があらかじめ定められている「給付建て（確定給付型）」の制度（defined benefit plan）と，掛金を先に決めてそれを運用した元利合計を給付原資とする「掛金建て（確定拠出型）」の制度（defined contribution plan）がある．いずれの年金制度にも共通する年金財政の原則として「収支相等の原則」，すなわち，

$$\text{掛金の総額} + \text{積立金の運用収益の総額} = \text{給付の総額}$$

がある．

　掛金建ての年金制度の場合，上式は「規約に定められた掛金の累計額に積立金からの運用収益を加算した額が給付額となる」という自明の関係を表しているにすぎない．それに対し，給付建ての年金制度の場合は，右辺の給付が制度の加入者集団および給付内容や支給要件からあらかじめ決まるため，「収支相等の原則」は，「所与の給付に対して，積立金からの運用収益にかかる前提の下で上式が成り立つように掛金が算定される」ことを意味しており，このことが掛金を算定する際の基本的な考え方となっている．そして，給付建ての年金制度において，この原則に則って算定された掛金による拠出計画のことを「財政計画」と呼んでいる．

5.2 財　政　方　式

1) 財政方式の分類

　年金制度（今後，本章において単に「年金制度」と記しているときは特に断りのない限り「給付建て年金制度」を表している）において具体的に財政計画を立てる方法のことを「財政方式」と呼んでいる．この財政方式にはさまざまなものが考えられる．

　例えば，積立金を形成しない方式では積立金の運用収益は見込まれないから，「収支相等の原則」は　掛金＝給付　となる．この方式を「賦課方式」と呼んでいる．

　一方，積立金を形成する方式は掛金を給付に先行して拠出する方式で，この方式を「積立方式」と呼んでいる．積立方式においては積立金を保有し，そこからの運用収益も給付の原資にすることができる．したがって，運用収益がプラスであれば，その分だけ賦課方式に比べ拠出する掛金の総額が少なくなる．

　また，図表5.1では，制度加入から年金支給までの各段階において給付の財源をどのタイミングで調達するかといった観点から各財政方式を分類している．このうち，「加入時積立方式」は制度加入時に給付原資を一括して積み立てる方式である．「単位積立方式」や「平準積立方式」は「事前積立方式」ともいわれ，加入期間中に毎年一定の方式で算定された掛金を積み立てる方式で

図表 5.1　財政方式の種類

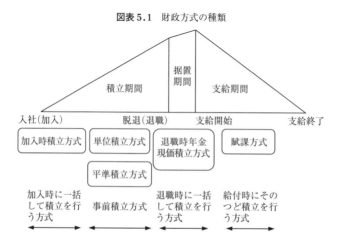

図表 5.2 事前積立方式の種類

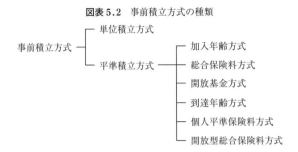

ある（ここで事前積立の「事前」とは「退職までに」という意味で使用されている）．また，「退職時年金現価積立方式」は，退職時点で給付原資を一括して積み立てる方式である．最後の「賦課方式」は，前述のとおり，給付時点まで積立を行わずに給付が発生するつど給付原資を拠出する方式である．

　図表 5.1 のうち，企業年金制度において一般的に採用されている事前積立方式について細分すると図表 5.2 のとおりである．

2) 掛金の種類

　年金制度において一般的に採用されている事前積立方式に属する財政方式の場合，掛金は通常，「標準的な掛金」と「補足的な掛金」とに区分されて運営される．

　① 標準的な掛金：　標準的な掛金とは，それぞれの財政方式の掛金算定方法に基づいて当該掛金算定の対象とする給付との収支がバランスするように算定された掛金のことをいう．確定給付企業年金制度における「標準掛金」が該当する．なお，この掛金の拠出期間としては掛金算定時以降の加入期間（将来勤務期間）を前提としている．

　この標準的な掛金の算定方法としては，将来勤務期間に対応する給付のみを対象として算定する方法と，掛金算定時以前の勤務期間（過去勤務期間）を含む全勤務期間に対する給付を対象として算定する方法とがある．

　② 補足的な掛金：　年金制度を導入するときの経過措置として，制度導入前の勤務期間（過去勤務期間）についてその期間を含めて給付額を計算するか否かで2通りの設計が考えられる．そして，過去勤務期間を通算して給付額を

計算する年金制度を導入する場合であって，採用する財政方式に基づく標準的な掛金が将来勤務期間に対応する給付のみを対象として算定しているときは，当該標準的な掛金だけでは必要な給付原資が準備できないことになる．そこで，この不足分を補う掛金として「補足的な掛金」が設定される．確定給付企業年金制度では「特別掛金」が該当する．この掛金の拠出期間についてはそれぞれの年金制度に関する法令等によって規定されており，一般的には一定の期間内に拠出（不足を償却）することが求められる．なお，ここでいう不足分として，実務上は，年金資産の予定と実際の運用利回りの差，掛金算定の基礎となる各種想定（退職年等）と実際の差によるもの等が含まれる．

　日本の企業年金制度では，過去勤務期間を含めて（過去勤務期間を通算して）給付額を計算する設計が一般的であり，特別掛金が設定されている場合も多い．

　今後，本章においては標準的な掛金を単に「標準掛金」と記し，補足的な掛金を単に「特別掛金」と記すこととする．

3) 各種財政方式

　ⅰ）賦課方式（pay-as-you-go method）　将来の給付に必要な資金を事前に積み立てることなく，給付が発生するつど必要原資を掛金として拠出する財政方式である．

　〔特　徴〕　毎年の掛金額はその年に支払われる給付額に等しい．賦課方式は給付の財源として積立金の運用収益をまったく見込まない方式であることから，掛金の総額はすべての財政方式のなかで最も大きくなる．

　賦課方式の下では，給付発生時（脱退時）まで給付原資がまったく積み立てられていないため，仮に年金制度を廃止するとした場合に加入者や年金受給者に分配する資金がなく，過去の加入期間にかかる受給権がまったく保全されないことになる．

　また，人員構成にばらつきがあれば，毎年の給付額の変動幅が大きくなりやすく毎年の掛金額が安定しない．

　〔年金制度への適用〕　確定給付企業年金制度においては法令上認められてい

ない.

ii）退職時年金現価積立方式（terminal funding method）　加入者の加入期間中には積立を行わず，退職時に一括して給付原資を掛金として拠出する財政方式である.

〔特　徴〕　この財政方式は加入期間中に積立を行わないため，加入期間中に積立を行う財政方式に比べ積立金の運用収益の見込みが少なく，掛金の総額は本書で取り上げた財政方式のなかでは賦課方式の次に大きい.

退職金制度のように給付内容がすべて一時金の場合にはこの財政方式は賦課方式と同等である.

また，年金受給者の将来の年金支給のための資金は確保されているが，加入者については賦課方式と同様，過去の加入期間にかかる受給権がまったく保全されないことになる.

〔年金制度への適用〕　賦課方式同様，確定給付企業年金制度においては法令上認められていない.

iii）単位積立方式（unit credit method）　事前積立方式に属し，退職時における給付原資を加入者期間中の各加入年度に対応する「単位」に分割し，各年度に割り当てられた「単位給付原資」の当該年度における現価相当額を各年度の標準掛金として拠出する財政方式である．この場合の給付原資の割当て方法は，加入期間に応じた均等割当てに限らず，例えば，給付算定式に基づき割り当てる方法もある.

〔特　徴〕　この財政方式では加入期間中に積立を行うため，前出2つの財政方式と比較すると積立金の運用収益が多く見込まれることから掛金の総額は少なくなる．各年度に割り当てられた給付原資が同額の場合，当該給付原資に充てるために見込める運用収益は退職までの期間が長い年度の方が大きくなるため，各年度の掛金額は退職までの期間が長い年度ほど（つまり年齢が若いほど）小さくなる．すなわち，個々の加入者に関してみれば，年齢が上がるほど掛金額も増加していくことになる．また，この財政方式の場合，各年度の掛金額は，対応する各1年の加入期間の伸びに伴う給付原資の増分の現価相当額となっている．その結果，どの年度においても，当該年度までの加入期間に割り当てられた給付原資の現価相当額が積み立てられることになる（図表5.3）.

図表5.3　単位積立方式の掛金のイメージ

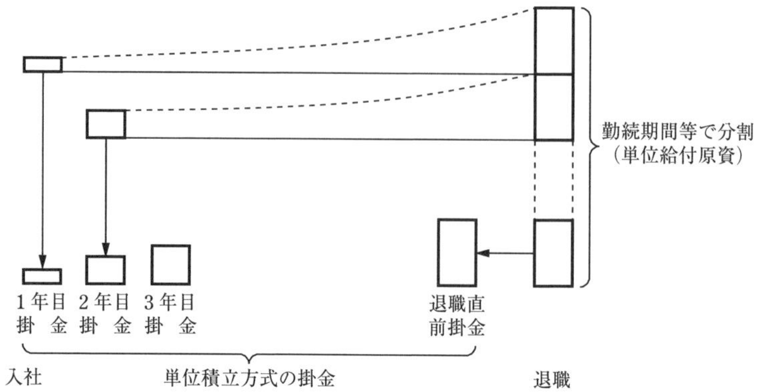

〔年金制度への適用〕　企業年金制度で用いることが認められており，加入者の規模が比較的小さい年金制度を対象に採用されている．

iv）平準積立方式（level premium method）　　事前積立方式に属し，加入期間中の全期間にわたり平準化された標準掛金を拠出することによって退職時に必要な給付原資を形成する財政方式である．この場合の平準化とは，掛金率を算定基準給与に対して加入期間を通して一定の比率となるように算定する（掛金の算定基準が給与に関係していない場合は1人あたり掛金額を加入期間を通して一定の金額となるように算定する）ことを意味する．

〔特　徴〕　個々の加入者に関してみれば，前述の単位積立方式の標準掛金が，通常，年齢が上がるほど増加していくのに対し，平準積立方式の標準掛金は加入期間中の全期間にわたって平準化されている．このことは，制度加入当初は平準積立方式の標準掛金のほうが単位積立方式の標準掛金より大きいが，その後単位積立方式のほうが大きくなることを意味している．このように，平準積立方式では全体として掛金拠出のタイミングが単位積立方式に先行する．したがって，積立金の運用収益を稼げる期間が相対的に長くなり，その分見込まれる運用収益の総額が多くなる．その結果，平準積立方式の掛金の総額は単位積立方式に比べ少なくなる．

〔年金制度への適用〕　確定給付企業年金制度の財政方式として最も一般的に採用されている．

　なお，平準積立方式には，個々の加入者または想定された加入者に対して収支バランスを計算して標準掛金を算定する方式と，年金制度の加入者全体に対して収支バランスを計算して標準掛金を算定する方式がある．前者の財政方式には，「個人平準保険料方式」，「到達年齢方式」および「加入年齢方式」が，後者の財政方式には，「総合保険料方式」，「開放型総合保険料方式」および「開放基金方式」がある．以下で平準積立方式に属する各財政方式について説明する．

　① 個人平準保険料方式（individual level premium method）：　個々の加入者ごとに収支バランスが図れるように，掛金算定時以降の加入期間にわたり平準的な標準掛金を算定する財政方式である．

　〔特　　徴〕 この財政方式では，通常，年齢および加入期間ごとに異なる掛金率となり，給付設計によっては掛金の拠出期間が短い高年齢層加入者ほど掛金率は高くなる．また，年金制度を導入する際の掛金計算においては，過去勤務期間を通算して給付額を計算する設計か否かにかかわらず，標準掛金のみで収支バランスが図られている．すなわち，過去勤務期間に対応する給付原資についても標準掛金によって積み立てることになる．

　② 到達年齢方式（attained age normal cost method）：　個々の加入者ごとに掛金算定時以降の加入期間（将来勤務期間）にかかる給付について収支バランスが図れるように平準的な標準掛金を算定する財政方式である．掛金算定時までの勤務期間（過去勤務期間）に対応する給付原資については特別掛金を拠出して一定期間内に積み立てる．

　〔特　　徴〕 前述の個人平準保険料方式では，過去勤務期間に対応する給付原資も含めて給付原資の全額を将来勤務期間の全期間で平準的に積み立てることになるが，到達年齢方式では標準掛金と区分して特別掛金を拠出する．そのため，特別掛金の拠出期間を将来勤務期間以内の期間とすることで，過去勤務期間に対応する給付原資をより早期に積み立てることが可能となる．また，標準掛金は将来勤務期間に対応する給付を対象として算定されるため，掛金率の年齢による差異は個人平準保険料方式の場合に比べて少なくなることが多い．

　なお，個人単位ではなく加入者全体の将来勤務期間にかかる給付について収支バランスする平均掛金率を求めてそれを標準掛金率とする方式についても到

達年齢方式と呼んでいる.

③ 加入年齢方式（entry age normal cost method）：　個々の加入者につい
て，制度に加入した加入年齢以後の期間（加入期間）に対応する給付について
収支バランスが図れるよう，当該加入期間にわたり平準的な標準掛金を算定す
る財政方式である．ただし，制度導入時の加入者について過去勤務期間を通算
して給付額を計算する経過措置を設定している場合は，制度導入時の年齢では
なく過去から年金制度があったとした場合に加入していた年齢で加入したもの
とみなして標準掛金を算定する．

〔特　徴〕　制度導入時の加入者について過去勤務期間を通算して給付額を計
算する経過措置を設定している場合，制度導入以前の期間は掛金を実際には拠
出していないので，制度導入以降の期間における標準掛金の拠出だけでは収支
がバランスしなくなる．このため，別途，給付原資の不足分の積立のための特
別掛金が必要となる．

なお，本来は，加入年齢方式では加入年齢ごとに標準掛金を設定することが
一般的であるが，日本においてはいわゆる「特定年齢方式」のことを指して単
に加入年齢方式と呼んでいることが多い．この方式の下では，制度に加入して
くる標準的な年齢等で代表される特定の加入年齢に対応する標準掛金を加入年
齢に関係なく全加入者に一律に適用し，この場合に発生する給付原資の不足分
（制度導入時の加入者にかかる給付原資の不足および加入年齢の相違により発
生する給付原資の過不足の合計）に対して特別掛金を拠出して積み立てる．今
後，本書において加入年齢方式と記しているときは，特に断りのない限りこの
特定年齢方式のことを表している．特定年齢方式は標準掛金率が加入者全員に
同一であるため，実際の掛金徴収に関する事務負担が少ないことがメリットと
して挙げられる．

④ 総合保険料方式（(closed) aggregate cost method）：　掛金算定時の加入
者全員を対象として収支バランスが図れるよう当該加入者全員の今後の加入期
間にわたって平準的な標準掛金を算定する財政方式である．

〔特　徴〕　この財政方式は掛金算定時点の加入者全員で収支バランスが図れ
るように単一の平均掛金率を算定しており，時間の経過とともに対象の加入者
が減少してもそれが予定どおりの脱退によるものであれば，その時点で標準掛

金率を洗い替えてもその値は変わらない．ところが，掛金算定の対象として当初の標準掛金率では収支がバランスしないような新規加入者を加えた上で標準掛金率を洗い替えるとその値は変動する．新規加入者の平均年齢は既存の加入者の平均年齢に比べ若いのが一般的であるから，一定の新規加入者が継続して加入してくるような場合において，仮に，毎年標準掛金率を洗い替えたとすると掛金率は一定の水準まで逓減することとなる．

⑤ 開放型総合保険料方式（open aggregate cost method）： 掛金算定時の加入者（現在加入者）に将来の新規加入者（将来加入者）を加えた加入者全員で収支バランスが図れるよう加入者全員の今後の加入期間にわたって平準的な標準掛金を算定する財政方式である．

〔特　徴〕 前述の総合保険料方式の場合は収支バランスの対象を現在加入者として標準掛金を算定しているが，将来加入者の見込みをあらかじめ収支バランスの計算に織り込むこととし，将来加入者も含めて平準的な標準掛金を算定するようにしたのがこの財政方式である．将来加入者を収支バランスの計算の対象に含めることにより，現在加入者に必要な掛金率と将来加入者に必要な掛金率の加重平均で制度全体の掛金率が算定されることになる．

ただし，現実の企業において，将来加入者が未来永劫にわたって予定どおり加入してくることは期待しにくいため，企業年金においてこの方式を用いる際には注意が必要である．

なお，この財政方式では財政上の不足の解消分も含めて単一の平均掛金率を算定することとし，特別掛金は設定しないものとしている．したがって，不足金の解消を将来加入者の加入期間にわたり行うという前提で掛金を算定することになる．通常，新規加入者の加入が永久に続くことが前提とされていることから，将来加入者の加入期間は無限となり，不足金の解消を無限の期間を掛けて行うことになる．すなわち，不足金は有限の期間内では解消されないことになる．

⑥ 開放基金方式： 開放型総合保険料方式と同様に，掛金算定時の加入者（現在加入者）に将来の新規加入者（将来加入者）を加えた加入者全員について収支バランスが図れるよう加入者全員の今後の加入期間にわたって平準的な標準掛金を算定する財政方式である．ただし，標準掛金は，その掛金算定時以

図表 5.4　各財政方式の特徴

	将来勤務分給付の積立	過去勤務分給付の積立	中途加入者の積立期間不足分の積立	掛金算定の単位
加入年齢方式	標準	特別	特別	個人別
到達年齢方式	標準	特別	標準	個人別
個人平準保険料方式	標準	標準	標準	個人別
総合保険料方式	標準	標準	標準	制度全体
開放型総合保険料方式	標準	標準	標準	制度全体
開放基金方式	標準	特別	特別	制度全体

降の期間に対応する給付原資のみを対象に算定し，現在加入者の過去勤務期間に対応する給付原資については一定期間内に積立が完了できるよう標準掛金とは別に特別掛金を拠出して積み立てる．

〔特　徴〕　前述の開放型総合保険料方式では財政上の積立不足が有限の期間内で解消されないが，開放基金方式では，財政上の積立不足を標準掛金率算定の対象から区分して特別掛金率を算定するため，当該積立不足を一定期間内に解消できるようになる．

ただし，現実の企業において，将来加入者が未来永劫にわたって予定どおり加入してくることは期待しにくいため，企業年金においてこの方式を用いる際には注意が必要である．

これまで説明してきた平準積立方式に属する各財政方式の特徴を比較表にまとめると図表5.4のとおりである．

v）加入時積立方式（initial funding method）　　加入者が制度に加入した時点で，その加入者にかかる退職時の給付原資の現価相当額を一括して拠出する財政方式である．

〔特　徴〕　拠出した掛金は，加入時から退職時までの全期間にわたり運用収益が見込めることから，平準積立方式に比べ積立金の運用収益の見込みが多く，その分掛金額は少なくなる．

〔年金制度への適用〕　一般的な企業年金制度では採用されていない．

5.3 積立目標水準および責任準備金

1) 積立金の積立目標水準

　制度導入時において，将来の給付見込みと収支バランスするように掛金が算定され，制度導入後は，掛金収入，給付支出および積立金の運用収益により給付原資である積立金が形成されていく．そして，掛金収入，給付支出および運用収益が当初の見込みどおり実現したとすると，積立金は当初の見込みどおりに形成されることになる．ところが，実際にはそれらが当初の見込みどおりに実現する可能性は低く，実績が当初の見込み（予定）と乖離することで財政上の過不足が生じることになる．

　事前積立方式に属する財政方式を採用している場合，給付原資の積立期間が長期にわたるので，各年度において積立金の形成が計画どおりに進んでいるかどうかの確認を行うこと，すなわち，年金財政の状況を把握することが必要である．

　前節の財政方式の説明において述べたように，事前積立方式に属する財政方式において掛金は，通常，標準掛金と特別掛金の二本立てで運営されている．このうち特別掛金は，前述したように，一定の期間内に拠出することが求められる有期の掛金であり，制度導入時以降，掛金収入，給付支出および運用収益が当初の見込みどおり実現し，特別掛金が設定されている場合はその拠出が完了したとすると，それ以降，年金制度への収入は標準掛金と運用収益となる．したがって，特別掛金が設定されている場合はその拠出が完了した後の年金財政において，将来の給付見込みの現在価値（給付現価），標準掛金の収入見込みの現在価値（標準掛金収入現価）および積立金額の間には次の関係式が成立することになる．

$$給付現価＝標準掛金収入現価＋積立金額 \qquad (5.1)$$

この関係式を変形して次の関係式が得られる．

$$積立金額＝給付現価－標準掛金収入現価 \qquad (5.2)$$

　ここで，例えば財政方式として単位積立方式を採用している場合，各年度の標準掛金額は各1年の加入期間の伸びに伴う給付原資の増分の現価相当額となっているので，掛金収入，給付支出および運用収益が当初の見込みどおり実現

し，特別掛金が設定されている場合はその拠出が完了したとすると，それ以降の各年度の積立金額は，過去の加入期間に割り当てられた給付原資の現価相当額に等しい．すなわち，

$$積立金額＝過去の加入期間に割り当てられた給付原資の現価相当額 \quad (5.3)$$

なお，上式右辺の現価相当額のことを「過去の加入期間にかかる給付債務」または，単に，「給付債務」と呼んでいる．したがって，(5.2) 式，(5.3) 式より，

$$給付債務＝給付現価－標準掛金収入現価 \qquad (5.4)$$

一方，平準積立方式を採用している場合は，標準掛金は加入期間中の全期間にわたり平準化するように算定されているため単位積立方式のような各年度の積立金額と給付債務との直接的な関係はない．しかし，平準積立方式において標準掛金が将来加入期間に対応する給付のみを対象として算定されている場合は，

$$標準掛金収入現価＝将来の加入期間に対応する給付部分の現価 \quad (5.5)$$

となっているから，給付現価から標準掛金収入現価を控除した額は，将来の給付見込みのうち過去の加入期間に対応する部分の現価とみることができる．したがって，平準積立方式の場合も，

$$給付債務＝給付現価－標準掛金収入現価$$

と定義している．

以上のことから，当該給付債務（すなわち，給付現価から標準掛金収入現価を控除した額）を，事前積立方式に属する財政方式を採用している場合の各年度における積立金の積立目標水準として位置付けることができる．

なお，確定給付企業年金制度においては，給付現価から標準掛金収入現価を控除した額を「数理債務」と定義し，当該数理債務を積立金の積立目標水準としている．

2) 責任準備金

次に，確定給付企業年金制度において特別掛金が設定されている場合の財政状況について考える．

特別掛金は，その設定時において

特別掛金収入現価＝給付現価－標準掛金収入現価－積立金の額

となるように設定されており，当該特別掛金の拠出が完了するまでの年度においては，給付現価から標準掛金および特別掛金の収入現価を控除した額に相当する積立金の残高があれば，その年金制度は予定どおり積立金が形成されているといえる．したがって，確定給付企業年金制度においては，給付現価から標準掛金および特別掛金の収入現価を控除した額を，将来支払うことが見込まれる給付を賄うために各年度において留保しておかなければならない金額，すなわち，「責任準備金」として，年金制度の各年度の財政状況を把握する上での基準額としている．

$$責任準備金＝給付現価－標準掛金収入現価－特別掛金収入現価 \qquad (5.6)$$

実際の積立金額が当該責任準備金を上回っていれば年金財政上の剰余があり，逆に下回っていれば年金財政上の不足があるとしている．すなわち，

$$財政上の過不足＝実際の積立金額－責任準備金 \qquad (5.7)$$

なお，この財政上の過不足は，主に次のような場合に発生する．

① 年金制度の給付改善や計算基礎率の変更に伴い責任準備金が変動したとき．

② 計算基礎率等について，年金数理上の予定と実態との間に乖離が生じたとき．

ところで，財政上の不足がある状態では，将来の掛金収入（ただし，その時点で設定されている掛金による収入），給付支出および運用収益が予定どおり実現したとすると，当該不足の状態は解消されず将来見込まれる給付が賄いきれないことになる．このため，財政上の不足に対しては何らかの財政的措置を講じなければならない．この場合，当該財政上の不足を一定期間内に解消できるようにその時点の特別掛金を洗い替える方法が一般的である．

◆ 練 習 問 題 5 ◆

1.　特別掛金（補足的な掛金）の設定が必要となる場合を4つ述べよ．

2.　単位積立方式と平準積立方式について，それぞれの掛金の総額の大小関係を答え，あわせてその理由を述べよ．

3.　給付債務（または数理債務）と責任準備金の相違点を述べよ．

6 各種財政方式の構造

第5章では，給付建ての年金制度において財政計画を立てる「財政方式」の概要について紹介した．本章では，各種財政方式の特徴について理解を深めるために，年金制度およびその制度の対象となる集団について一定の仮定を設定し，その仮定の下で各種財政方式に基づく掛金額，年金資産，および責任準備金について算式を用いた説明を行い，あわせて数値計算例を紹介する．

6.1　年金制度および対象集団に関する仮定

本章では，算式の展開を容易にするために，できるだけ簡単な年金制度設計を仮定し，対象集団についても一定の状態が継続することを仮定する．実際の年金制度の給付設計はより複雑であり，また対象集団についても一定の状態で推移することはないが，本章の仮定の下で導かれる各種財政方式に関する本質的な特徴は，実際の給付設計の年金制度および対象集団の下でも近似的にあてはまることが多い．

1) 年金制度に関する仮定

本章の説明で前提とする年金制度を図表6.1のように設定する．また，各種記号を図表6.2のように定義する．なお，掛金は毎年1回期始に拠出するものとし，給付も毎年1回期始（ただし，掛金拠出の後）に支払うものとする．

なお，このような単純化された年金制度を用いた財政方式の特徴は，トローブリッジ（Charles L. Trowbridge）が1952年の論文で最初に紹介している．

図表 6.1　前提とする年金制度

項　目	内　容
給付の種類	退職年金のみ（一時金での支払いはなし）
受給資格	定年年齢に到達したとき（定年前の退職者や死亡者には給付なし）
年金額	年あたり1（年1回期始に支払う）
年金の支給期間	即時支給開始終身支給（保証期間なし）
掛金の拠出期間	制度加入から退職までの期間

図表 6.2　各種記号の定義

項　目	内　容
x_e	制度への加入年齢（最低年齢）
x_r	定年年齢
ω	生存最終年齢
$l_x^{(T)}$	x 歳の加入者数（$x_e \leqq x \leqq x_r-1$）
l_x	x 歳の生存者数（$x_r \leqq x \leqq \omega$）
$\ddot{a}_x$	年金現価率 $\left(\ddot{a}_x = \dfrac{1}{l_x} \sum\limits_{X=x}^{\omega} l_X v^{X-x} \right)$ （$x_r \leqq x \leqq \omega$）
B	制度全体の毎年度の給付額
C	制度全体の毎年度の掛金額
V	制度全体の責任準備金（期始時点で掛金の拠出前）
F	制度全体の年金資産残高（期始時点で掛金の拠出前）
P	1人あたりの掛金額
L	加入者の総数 $\left(= \sum\limits_{x=x_e}^{x_r-1} l_x^{(T)} \right)$

2)　対象集団に関する仮定

　本章では，年金制度の対象となる集団，例えば企業の従業員集団（ここでは退職者を含めた集団を考える）において，毎年特定の年齢で一定人数が入社し，予定されている脱退率および死亡率に従い脱退および死亡するものと仮定する．この仮定の下では，やがて対象集団の年齢構成は一定の状態で継続するようになる．すなわち，対象集団の年齢構成が定常状態になる．なお，定常状態は，現実的にはまず発生することはないが，本章では断りのない限り，定常状態を仮定した記載となっている．

　図表 6.2 で定義した $l_x^{(T)}(x_e \leqq x \leqq x_{r-1})$ および $l_x(x_r \leqq x \leqq \omega)$ は，それぞれ年齢構成が定常状態となっている集団における加入者および年金受給者の人数である．例えば，定常状態においては，ある年の x 歳の加入者数 $l_x^{(T)}$ 人は，予定されている脱退率および死亡率に従い脱退および死亡し，翌年 $(x+1)$ 歳で

$l_{x+1}^{(T)}$ 人に減少すると見込まれるが，これは前年の（$x+1$）歳の加入者数と一致する．

3) 制度全体の給付額について

年齢構成が定常状態にある企業の従業員集団において，前述の年金制度を導入した場合を考える．ここに，年金制度の導入は，企業の設立から十分な期間が経過した後である（すなわち，年齢構成が定常状態に至っている）と仮定する．

また，導入時の経過措置について以下のケースを想定する．

ケース① 制度導入時およびそれ以前の定年退職者を対象に，満額の終身年金を支給する．

ケース② 制度導入以降に定年退職した者を対象に，満額の終身年金を支給する．

ケース③ 制度導入以降に定年退職した者を対象に，加入年数に応じて減額された終身年金を支給する．

ケース①の場合は，最初から定年年齢以上の集団が年金受給者となり，その年齢構成は不変である．すべて等しい額の年金が払われるため，制度全体の給付額は最初から一定額である．

ケース②の場合は，制度導入時以降最初に発生した定年退職者が全員死亡した時点で年金受給者の集団は定常状態になり，年金支払い総額も一定になる．

ケース③の場合においても，制度導入時以降最初に発生した定年退職者が全員死亡した時点で年金受給者の集団は定常状態になるが，この時点では，年金制度導入前に入社した者については加入期間が短いために年金額が少ないため，まだ給付額は一定にはならない．最初に満額の年金を受け取るのは制度導入時の新規加入者が定年退職したときである．したがって，制度導入時の新規加入者が全員死亡した時点以降の年金支払い総額が一定となる．

このように，いずれの場合にあっても，対象集団の年齢構成が定常状態に至っていれば，制度導入時の経過措置の内容にかかわらずやがて制度全体の毎年の給付額 B は一定となり，$B = \sum_{x=x_r}^{\omega} l_x$ の関係が成り立つ．

6.2 極限方程式

前節でみたように，人員構成が定常状態にある企業の従業員集団において前述の年金制度を導入した場合，やがて年金制度全体の毎年の給付額は一定になる．一方，掛金の徴収方法はさまざまであるが，ここでは毎年一定額に設定すると仮定する．

この場合，「人員構成が定常状態にあり，給付が一定で推移している制度においては，年金資産額も一定水準で推移する」という関係が導ける．具体的には，

$$C + dF = B \quad \left(ただし, \ d = \frac{i}{1+i} \right) \tag{6.1}$$

が成立することになる．この関係式を一般的に「極限方程式」と呼んでいる．

この極限方程式から簡単に示せることを，3点挙げておく．

まず，給付額 B が一定との条件の下で，標準掛金 C を大きく（小さく）設定するほど，必要な運用収益 dF は小さく（大きく）なり，また，必要な年金資産残高 F も小さく（大きく）なる．

次に，標準掛金 C の範囲は，最大で B（この場合は F はゼロ），最小はゼロ（この場合は年金資産残高は $F = B/d$）となる．

最後に，(6.1) 式を変形すると

$$\frac{B}{d} - \frac{C}{d} = F \tag{6.2}$$

となる．ここに $\frac{1}{d} = \frac{1}{1-v} = \sum_{t=0}^{\infty} v^t$ であるので，$\frac{B}{d}$，$\frac{C}{d}$ はそれぞれ給付現価，掛金収入現価を表している．

したがって，(6.2) 式は給付現価から掛金収入現価を控除した額，すなわち責任準備金が年金資産額に等しくなることを示している．

6.3 給付現価・人数現価に関する関係式

この節では，後述する財政方式の説明のなかで用いる給付現価および人数現価について説明する．

1) 給付現価 (S)

年金制度からの給付として，一定額 B が将来のすべての期間にわたって毎年支給されるとすると，各年の期始における総給付現価 S は，

$$S=\sum_{t=0}^{\infty}Bv^t=B\frac{1}{1-v}=\frac{B}{d} \tag{6.3}$$

と表せる．

一方，総給付現価の算出の対象を，その時点の年金受給者，現在加入者，翌年以降に制度に加入する将来加入者の 3 つに区分すると，それぞれの群団にかかる給付現価は次の算式で表せる．

ⅰ）年金受給者にかかる給付現価 (S^p)　　x 歳の年金受給者 1 人に必要な年金原資は $\ddot{a}_x$ であるから，これを x 歳の受給者の人数 l_x で積和した額が給付現価 S^p となる．

$$S^p=\sum_{x=x_r}^{\omega}l_x\ddot{a}_x=\sum_{x=x_r}^{\omega}l_x\left(\sum_{X=x}^{\omega}\frac{l_X}{l_x}v^{X-x}\right)=\sum_{x=x_r}^{\omega}\left(\sum_{X=x}^{\omega}l_Xv^{X-x}\right)=\sum_{X=x_r}^{\omega}l_X\left(\sum_{t=0}^{X-x_r}v^t\right) \tag{6.4}$$

ⅱ）現在加入者にかかる給付現価 (S^a)　　年齢 X 歳の加入者の集団（$l_X^{(T)}$人）のうち，将来年金受給者になる人数は l_{x_r} 人であり，この人数に対応する年金給付の X 歳における現価は，$l_{x_r}\ddot{a}_{x_r}v^{x_r-X}$ になるので，給付現価 S^a は，

$$\begin{aligned}
S^a&=\sum_{X=x_e}^{x_r-1}l_{x_r}\ddot{a}_{x_r}v^{x_r-X}=l_{x_r}\ddot{a}_{x_r}\sum_{X=x_e}^{x_r-1}v^{x_r-X}=l_{x_r}\left(\sum_{X=x_r}^{\omega}\frac{l_X}{l_{x_r}}v^{X-x_r}\right)\left(\sum_{X=x_e}^{x_r-1}v^{x_r-X}\right)\\
&=\left(\sum_{X=x_r}^{\omega}l_Xv^{X-x_r}\right)\left(\sum_{X=x_e}^{x_r-1}v^{x_r-X}\right)=\sum_{n=1}^{x_r-x_e}v^n(l_{x_r}+l_{x_r+1}v+\cdots+l_{\omega}v^{\omega-x_r})\\
&=\sum_{X=x_r}^{\omega}l_X\left(\sum_{t=X-x_r+1}^{X-x_e}v^t\right)
\end{aligned} \tag{6.5}$$

ⅲ）将来加入者にかかる給付現価 (S^f)　　現在より t 年後に加入（年齢 x_e歳）する加入者の加入時点における給付現価は，$l_{x_r}\ddot{a}_{x_r}v^{x_r-x_e}$ なので，この現在における現価は $v^tl_{x_r}\ddot{a}_{x_r}v^{x_r-x_e}$ である．したがって，給付現価 S^f は，

$$\begin{aligned}
S^f&=\sum_{t=1}^{\infty}v^t(l_{x_r}\ddot{a}_{x_r}v^{x_r-x_e})=\sum_{t=1}^{\infty}v^t\left(l_{x_r}\left(\sum_{X=x_r}^{\omega}\frac{l_X}{l_{x_r}}v^{X-x_r}\right)v^{x_r-x_e}\right)=\sum_{t=1}^{\infty}v^t\left(\sum_{X=x_r}^{\omega}l_Xv^{X-x_e}\right)\\
&=\sum_{X=x_r}^{\omega}l_X\left(\sum_{t=X-x_e+1}^{\infty}v^t\right)
\end{aligned} \tag{6.6}$$

ⅳ）制度全体の給付現価　　結局，(6.4)，(6.5)，(6.6) 式より，

$$S^p+S^a+S^f=\sum_{X=x_r}^{\omega} l_X\left(\sum_{t=0}^{X-x_r} v^t\right)+\sum_{X=x_r}^{\omega} l_X\left(\sum_{t=X-x_r+1}^{X-x_e} v^t\right)+\sum_{X=x_r}^{\omega} l_X\left(\sum_{t=X-x_e+1}^{\infty} v^t\right)$$

$$=\sum_{X=x_r}^{\omega} l_X\left(\sum_{t=0}^{\infty} v^t\right)=\frac{B}{d} \tag{6.7}$$

となり，年金受給者，現在加入者，および将来加入者の3区分それぞれの給付現価を合計した結果は，(6.3) 式により総給付現価 S に等しくなることがわかる．

2) 人数現価 (G)

掛金収入現価を計算する際，1人あたり掛金額が全加入者に共通の場合は，「掛金を1人あたり1ずつ拠出する場合の掛金の収入現価」という概念が便利である．これを「人数現価」と呼ぶ．

すなわち，人数現価とは，現在年齢から最終拠出年齢 (x_r-1) 歳までの各在籍予定者数について，1人あたりに金額1を対応させ，それを現在年齢まで割り引いたものの合計額である．

ⅰ) 現在加入者にかかる人数現価 (G^a)　　現在年齢 x 歳の加入者の定年までの人数現価は，

$$\sum_{y=x}^{x_r-1} l_y^{(T)} v^{y-x} \tag{6.8}$$

と表せるので，現在加入者全体の人数現価は

$$G^a=\sum_{x=x_e}^{x_r-1}\left(\sum_{y=x}^{x_r-1} l_y^{(T)} v^{y-x}\right)=\sum_{x=x_e}^{x_r-1} l_x^{(T)}\left(\sum_{t=0}^{x-x_e} v^t\right) \tag{6.9}$$

と表せる．

ⅱ) 将来加入者にかかる人数現価 (G^f)　　ある特定年度の期始に加入する新規加入者について，制度に加入した時点における人数現価は

$$\sum_{y=x_e}^{x_r-1} l_y^{(T)} v^{y-x_e} \tag{6.10}$$

と表せる．将来にわたり新規加入者が同様に加入するとすれば，将来加入者全体の人数現価は

$$G^f=\sum_{t=1}^{\infty} v^t\left(\sum_{y=x_e}^{x_r-1} l_y^{(T)} v^{y-x_e}\right)=\left(\frac{v}{d}\right)\sum_{y=x_e}^{x_r-1} l_y^{(T)} v^{y-x_e} \tag{6.11}$$

となる．

iii) 制度全体にかかる人数現価　　（6.9），（6.11）式より現在加入者および将来加入者の人数現価の合計は次のようになる．

$$G^a+G^f=\sum_{y=x_e}^{x_r-1} l_y^{(T)}\left(\sum_{t=0}^{y-x_e} v^t\right)+\left(\frac{v}{d}\right)\sum_{y=x_e}^{x_r-1} l_y^{(T)} v^{y-x_e}=\sum_{y=x_e}^{x_r-1} l_y^{(T)}\left(\left(\sum_{t=0}^{y-x_e} v^t\right)+\left(\frac{v}{d}\right)v^{y-x_e}\right)$$

$$=\sum_{y=x_e}^{x_r-1} l_y^{(T)}\left(\frac{1-v^{y-x_e+1}}{1-v}+\frac{v}{1-v}v^{y-x_e}\right)$$

$$=\frac{1}{1-v}\sum_{y=x_e}^{x_r-1} l_y^{(T)}=\frac{L}{d} \tag{6.12}$$

ここで，1人1の掛金を拠出する場合，毎年の掛金額の数値は，総人数Lと等しくなるため，総人数現価は$\frac{L}{d}$となる．このことは，（6.12）式と整合しているといえる．

6.4　各種財政方式の比較—掛金額・年金資産・責任準備金について—

　本節では，前述の仮定の下で，第5章で説明した各種財政方式を取り上げて説明する．なお，以降の記述のうち，加入年齢方式までの記述においては，制度全体の給付額が一定となっている場合について，特別掛金の拠出が終了した後の状態で論ずることとする．

1) 賦課方式（pay-as-you-go method）

　① 掛金額：　制度の掛金額は，以下のとおりである．

$$^PC=B=\sum_{x=x_r}^{\omega} l_x \tag{6.13}$$

　② 定常状態における関係式：　制度の掛金額が一定であるとすれば，極限方程式が成立しており，年金資産および責任準備金についてそれを用いて導くと以下のとおりである．

$$^PF={}^PV=\frac{B-{}^PC}{d}=\frac{0}{d}=0 \tag{6.14}$$

　このように，定常状態においては年金資産額および責任準備金がゼロであることが導かれる．

2) 退職時年金現価積立方式 (terminal funding method)

① 掛金額: 制度の掛金は, 以下のとおりである.

$$^TC = l_{x_r}\ddot{a}_{x_r} \tag{6.15}$$

② 定常状態における関係式: 制度の掛金が一定であると仮定し, 年金資産および責任準備金を極限方程式を用いて導くと以下のとおりである.

$$^TF + {}^TC/d = B/d \tag{6.16}$$

(6.16) 式の左辺は,

$$^TF + l_{x_r}\ddot{a}_{x_r}/d = {}^TF + l_{x_r}\ddot{a}_{x_r}\ddot{a}_\infty = {}^TF + l_{x_r}\ddot{a}_{x_r}(1+v/d) = {}^TF + l_{x_r}\ddot{a}_{x_r} + S^a + S^f \tag{6.17}$$

また右辺は (6.7) 式より

$$B/d = S^p + S^a + S^f$$

であるから

$$^TF + {}^TC = {}^TF + l_{x_r}\ddot{a}_{x_r} = S^p \tag{6.18}$$

が成立する. すなわち, 退職時年金現価積立方式では, 掛金を積み立てた直後の年金資産はちょうど年金受給者の給付現価に等しくなっている.

3) 単位積立方式 (unit credit method)

① 掛金額: この方式では, 期始において当年度1年間の加入に対応する給付を割り当て, それに対応する給付現価を掛金として拠出する (図表5.3を参照).

ここで, 各年度に年金額 $1/(x_r - x_e)$ を割り当て (均等割当て) るものとすれば, 年齢 x 歳の加入者1人あたりの標準掛金額は, 年金額 $1/(x_r - x_e)$ の終身年金を x_r 歳から支払うための給付現価に等しく, 次のように表せる.

$$^UP_x = v^{x_r - x}\frac{l_{x_r}}{l_x^{(T)}}\frac{1}{x_r - x_e}\ddot{a}_{x_r} \tag{6.19}$$

これを全加入者について合計すると, 制度全体の掛金額は, 以下のとおりになる.

$$^UC = \sum_{x=x_e}^{x_r-1} {}^UP_x l_x^{(T)} = \sum_{x=x_e}^{x_r-1} l_x^{(T)} v^{x_r-x}\frac{l_{x_r}}{l_x^{(T)}}\frac{1}{x_r - x_e}\ddot{a}_{x_r}$$

$$= l_{x_r} \ddot{a}_{x_r} \frac{\sum\limits_{t=1}^{x_r-x_e} v^t}{x_r - x_e} \tag{6.20}$$

② 定常状態における関係式：　(6.20) 式を極限方程式にあてはめると，

$$^U\!F = \frac{B - {}^U\!C}{d} = S^p + S^a + S^f - \frac{{}^U\!C}{d} \tag{6.21}$$

ここで，(6.5) 式より，

$$S^a = \sum_{x=x_e}^{x_r-1} l_{x_r} \ddot{a}_{x_r} v^{x_r-x} \tag{6.22}$$

また，

$$\frac{{}^U\!C}{d} = l_{x_r} \frac{1}{x_r - x_e} \ddot{a}_{x_r} v \sum_{t=0}^{x_r-x_e-1} v^t \sum_{s=0}^{\infty} v^s$$

$$= v l_{x_r} \frac{1}{x_r - x_e} \ddot{a}_{x_r} (1 + v + v^2 + \cdots + v^{x_r-x_e-1})(1 + v + v^2 + \cdots)$$

$$= v l_{x_r} \frac{1}{x_r - x_e} \ddot{a}_{x_r} \left(\sum_{t=0}^{x_r-x_e-1} (t+1) v^t + (x_r - x_e) \sum_{t=x_r-x_e}^{\infty} v^t \right)$$

$$= \sum_{x=x_e}^{x_r-1} \frac{x_r - x}{x_r - x_e} l_{x_r} \ddot{a}_{x_r} v^{x_r-x} + \frac{v}{d} l_{x_r} \ddot{a}_{x_r} v^{x_r-x_e}$$

$$= \sum_{x=x_e}^{x_r-1} \frac{x_r - x}{x_r - x_e} l_{x_r} \ddot{a}_{x_r} v^{x_r-x} + S^f \tag{6.23}$$

(6.22)，(6.23) 式を (6.21) 式に適用して，

$$^U\!F = S^p + \sum_{x=x_e}^{x_r-1} l_{x_r} \ddot{a}_{x_r} v^{x_r-x} + S^f - \left(\sum_{x=x_e}^{x_r-1} \frac{x_r - x}{x_r - x_e} l_{x_r} \ddot{a}_{x_r} v^{x_r-x} + S^f \right)$$

$$= S^p + \sum_{x=x_e}^{x_r-1} \frac{x - x_e}{x_r - x_e} l_{x_r} \ddot{a}_{x_r} v^{x_r-x}$$

$$= S^p + S^a_{PS} \tag{6.24}$$

(6.24) 式の第3辺の第2項 (S^a_{PS}) は，加入者について過去の勤務期間に対応するものとして割り当てられた年金の現価（過去分給付現価）を表す．すなわち，単位積立方式の年金資産は，年金受給者の給付現価および加入者の過去分給付現価の合計に等しくなっている．

4) 平準積立方式 (level premium method)

　この財政方式は，掛金を加入全期間にわたり平準的に拠出する方式である．この財政方式において，標準掛金は，給付現価を人数現価で除して算定され

る. ただし, 財政方式によりこれらの給付現価および人数現価の算定対象が異なっており, そこに各財政方式の特徴が表れている.

なお, ここまでの財政方式の説明では, 定常状態での掛金額・年金資産の関係について考察を行ったが, 以下で述べる個人平準保険料方式から開放基金方式までの説明では, 制度導入時からの成熟過程についての考察になっているので, ご注意願いたい.

i) 加入年齢方式 (entry age normal cost method)

① 掛金額: この財政方式では, 加入者が標準的な新規加入年齢 (x_e) から定年直前の (x_r-1) 歳まで拠出した当該掛金の定年退職時の元利合計額が, その加入者の同時点の給付現価に等しくなるように掛金を算定する. したがって, 1人あたりの掛金額を ^EP とすると, 次の関係式が成り立つ.

$$^EP\left(\sum_{x=x_e}^{x_r-1} l_x^{(T)}(1+i)^{x_r-x}\right)=l_{x_r}\ddot{a}_{x_r} \tag{6.25}$$

これより

$$
\begin{aligned}
^EP&=\frac{l_{x_r}\ddot{a}_{x_r}}{\displaystyle\sum_{x=x_e}^{x_r-1} l_x^{(T)}(1+i)^{x_r-x}}\\
&=\frac{l_{x_r}\ddot{a}_{x_r}v^{x_r-x_e}}{\displaystyle\sum_{x=x_e}^{x_r-1} l_x^{(T)}v^{x-x_e}}
\end{aligned}
\tag{6.26}
$$

したがって制度全体での標準掛金額は,

$$
\begin{aligned}
^EC&=^EP\sum_{x=x_e}^{x_r-1} l_x^{(T)}=\frac{l_{x_r}\ddot{a}_{x_r}v^{x_r-x_e}}{\displaystyle\sum_{x=x_e}^{x_r-1} l_x^{(T)}v^{x-x_e}}\sum_{x=x_e}^{x_r-1} l_x^{(T)}\\
&=l_{x_r}\ddot{a}_{x_r}\frac{\displaystyle\sum_{t=1}^{x_r-x_e} l_{x_r-t}^{(T)}v^{x_r-x_e-t}v^t}{\displaystyle\sum_{t=1}^{x_r-x_e} l_{x_r-t}^{(T)}v^{x_r-x_e-t}}
\end{aligned}
\tag{6.27}
$$

② 責任準備金: 責任準備金は,

$$^EF=\frac{B-^EC}{d}=S^p+S^a+S^f-\frac{^EC}{d} \tag{6.28}$$

であるが, 掛金収入現価 $^EC/d$ は, 1人あたりの標準掛金額×人数現価$=^EP$ (G^a+G^f) と書き直すことができる.

また, 将来加入者にかかる掛金収入現価は次のようになる.

$$^{E}PG^{f}=\frac{l_{x_r}\ddot{a}_{x_r}v^{x_r-x_e}}{\sum\limits_{x=x_e}^{x_r-1}l_{x}^{(T)}v^{x-x_e}}\left(\frac{v}{d}\right)\sum_{x=x_e}^{x_r-1}l_{x}^{(T)}v^{x-x_e}=\left(\frac{v}{d}\right)l_{x_r}\ddot{a}_{x_r}v^{x_r-x_e}=S^{f}\quad(6.29)$$

これらにより，責任準備金は，

$$^{E}F=\frac{B-^{E}C}{d}=S^{p}+S^{a}+S^{f}-\frac{^{E}C}{d}=S^{p}+S^{a}+S^{f}-(^{E}PG^{a}+{}^{E}PG^{f})$$

$$=S^{p}+S^{a}+S^{f}-(^{E}PG^{a}+S^{f})=S^{p}+S^{a}-{}^{E}PG^{a}\qquad(6.30)$$

となり，年金受給者の給付現価と加入者の責任準備金の合計に等しくなる（将来加入者については責任準備金がゼロ）ことがわかった．

ⅱ）個人平準保険料方式（individual level premium method）

① 掛金額： この財政方式では，個々の加入者について，年金開始年齢から年金年額1を支給するための給付原資をそれぞれの加入年齢（制度導入時に加入した者は制度導入時の年齢）から定年直前の（x_r-1）歳までの期間にわたり平準的に積み立てることになる．したがって，加入年齢 x 歳の加入者1人あたりの標準掛金額 $^{I}P_x$ は，

$$^{I}P_{x}\left(\sum_{y=x}^{x_r-1}l_{y}^{(T)}(1+i)^{x_r-y}\right)=l_{x_r}\ddot{a}_{x_r}\qquad(6.31)$$

を満たすように算定される．

② 制度導入時からの成熟過程の考察： この財政方式では，制度導入時までに定年退職した元従業員にかかる給付原資を制度導入時に一括して積み立てる（補足掛金を拠出する）が，制度導入時の加入者の過去勤務期間にかかる給付にあてる給付原資については標準掛金のなかに含めて積み立てる．年金額は加入期間にかかわらず一定であるので，当該標準掛金額は掛金拠出期間が短いほど大きくなる．すなわち加入年齢が高いほど大きくなる．

なお，将来加入者は x_e 歳で加入するので，その1人あたりの標準掛金額は $^{I}P_{x_e}$ で，これは加入年齢方式の標準掛金額 ^{E}P に等しい．

制度全体の掛金額は制度導入時の加入者の掛金拠出期間の長さに依存する．制度導入時の加入者は掛金拠出期間が相対的に短いが，時の経過とともにこの制度導入時の加入者が加入者全体に占める割合が低下していくため，制度全体の標準掛金額は経過年数とともに小さくなる．

そして，制度導入から（x_r-x_e）年経過すると加入者全員が制度導入時以降

の加入者となり，定常状態の下では制度全体の標準掛金額は加入年齢方式の標準掛金額に等しくなる．また，制度導入時から (x_r-x_e) 年経過後の責任準備金および年金資産額も加入年齢方式と同じになる．

iii) 到達年齢方式（attained age normal cost method）

① 掛金額：　この財政方式では，制度導入時の標準掛金を算出するために，個々の加入者の給付を将来勤務期間（制度導入時以降の勤務期間）にかかる給付と過去勤務期間（制度導入時以前の勤務期間）にかかる給付とに分ける必要がある．制度導入時までにすでに定年退職した元従業員にかかる給付原資および制度導入時の加入者の過去勤務期間にかかる給付にあてる給付原資については標準掛金とは別に補足掛金を拠出して積み立てる．

具体的には，制度導入時年齢 x 歳の加入者の将来勤務期間にかかる年金額を，年金年額 1 を将来勤務期間に応じて比例按分して得られる年金年額 $\dfrac{x_r-x}{x_r-x_e}$ であるものとし，この年金支給のための給付原資を制度導入時から将来勤務期間にわたり平準的に積み立てるものとして標準掛金を算定する．

すなわち，制度導入時年齢 x 歳の加入者 1 人あたりの標準掛金額 ${}^A P_x$ は，以下の式から算定される．

$$ {}^A P_x \left(\sum_{y=x}^{x_r-1} l_y^{(T)} (1+i)^{x_r-y} \right) = \frac{x_r-x}{x_r-x_e} l_{x_r} \ddot{a}_{x_r} \tag{6.32} $$

ここで，${}^A P_x$ と ${}^A P_{x+1}$ を比較する．

$$ {}^A P_{x+1} - {}^A P_x = \frac{l_{x_r} \ddot{a}_{x_r}}{x_r-x_e} \left\{ \frac{x_r-x-1}{\displaystyle\sum_{y=x+1}^{x_r-1} l_y^{(T)} (1+i)^{x_r-y}} - \frac{x_r-x}{\displaystyle\sum_{y=x}^{x_r-1} l_y^{(T)} (1+i)^{x_r-y}} \right\} \tag{6.33} $$

$l_y^{(T)} (1+i)^{x_r-y}$ は，y に関する減少関数であるので，年齢 x から x_r-1 までの関数値に関する平均値は x の減少関数である．したがってその逆数は x の増加関数となるため，(6.33) 式右辺の { } 内は正値となる．

したがって，${}^A P_x < {}^A P_{x+1}$ となり，${}^A P_x$ は年齢が高いほど大きくなることがわかる．

なお，将来加入者は x_e 歳で加入するので，その標準掛金は ${}^A P_{x_e}$ であり，これは加入年齢方式の標準掛金 ${}^E P$ に等しくなる．

② 制度導入時からの成熟過程の考察：　制度導入時の加入者は次第に減少

していくと同時に，最も標準掛金の低い導入後の新規加入者の割合が多くなるので，制度全体の標準掛金額は経過年数とともに減少する．

制度導入時から (x_r-x_e) 年経過すると，加入者全員が制度導入時以降の加入者となり，制度全体の標準掛金額は加入年齢方式の標準掛金額に等しくなる．その時点（成熟時点）での責任準備金や年金資産額も加入年齢方式と同じになる．この関係は，前述の個人平準保険料方式と同様である．

iv）総合保険料方式（(closed) aggregate cost method)

① 掛金額： この財政方式では，収支バランスを図る給付対象者は，掛金算定時点での加入者全員であり，掛金拠出対象者はその時点の加入者である．

したがって，制度導入時の収支相等式は「加入者の掛金収入現価＝加入者の給付現価」，すなわち，

$$^CP_1G^a=S^a \tag{6.34}$$

したがって，掛金額は以下のとおりとなる．

$$^CP_1=\frac{S^a}{G^a} \tag{6.35}$$

② 制度導入時からの成熟過程の考察： この財政方式では，現時点の加入者のみで（すなわち制度導入時以降新規加入がない前提で）収支相等するよう1人あたりの掛金が定められるが，実際は制度導入2年目以降も新規加入者が加入してくるので，2年目以降の計算ではこれら新規加入者を収支算定の対象に含めることになる．そのため，1人あたり掛金は当初の掛金より変動することになる．

2年目以降の第 n 年度における収支相等の算式は，

$$^CP_nG^a=S_n^p+S^a-{}^CF_n \tag{6.36}$$

ここに，S_n^p は，n 年経過時の年金受給者の給付現価であり，制度導入後一定期間は受給者数の増加に応じて大きくなるが，ここでは一定期間が経過し年金受給者1人あたりの給付額および年金受給者の年齢構成が一定となった以降の時点 n について考える．すなわち，$S_n^p=S^p$ である．

このとき，^CF_n が ^EF に収束することは，以下のとおり証明できる．

$$^CF_{n+1}=({}^CF_n+{}^CC_n-B)(1+i) \tag{6.37}$$

制度全体の掛金額は，

$$^{C}C_n = {}^{C}P_n L = \frac{S^p + S^a - {}^{C}F_n}{G^a} L$$

$$= \frac{S^p + S^a - {}^{C}F_n}{G^a} d(G^a + G^f) \tag{6.38}$$

これを使って (6.37) 式を書き直すと,

$$^{C}F_{n+1} = \left({}^{C}F_n + \frac{S^p + S^a - {}^{C}F_n}{G^a} d(G^a + G^f) - B \right)(1+i)$$

$$= \left\{ \left({}^{C}F_n \left(1 - d - d\frac{G^f}{G^a}\right) + \frac{S^p + S^a}{G^a} d(G^a + G^f) - (S^p + S^a + S^f)d \right) \right\}$$
$$(1+i)$$

$$= {}^{C}F_n \left(1 - \frac{d}{v}\frac{G^f}{G^a}\right) + \left(\frac{S^p + S^a}{G^a} G^f d - S^f d \right)(1+i)$$

$$= {}^{C}F_n \left(1 - \frac{d}{v}\frac{G^f}{G^a}\right) + \left(\frac{S^p + S^a}{G^a} G^f d - {}^{E}P G^f d \right)(1+i)$$

$$= {}^{C}F_n \left(1 - \frac{d}{v}\frac{G^f}{G^a}\right) + G^f d \left(\frac{S^p + S^a}{G^a} - {}^{E}P \right)(1+i)$$

$$= {}^{C}F_n \left(1 - \frac{d}{v}\frac{G^f}{G^a}\right) + \frac{d}{v}\frac{G^f}{G^a} {}^{E}F \tag{6.39}$$

(6.39) 式において,

$$1 > \left(1 - \frac{d}{v}\frac{G^f}{G^a}\right) = \frac{1}{v}\left(\frac{vG^a - dG^f}{G^a} \right)$$

$$= \frac{1}{v}\frac{vG^a - d(G^a + G^f) + dG^a}{G^a} = \frac{1}{v}\frac{vG^a - L + dG^a}{G^a} = \frac{1}{v}\left((v+d) - \frac{L}{G^a} \right)$$

$$= \frac{1}{v}\left(1 - \frac{L}{G^a}\right) > \frac{1}{v}\left(1 - \frac{L}{L}\right) = 0 \tag{6.40}$$

であるから,

$$0 < 1 - \frac{d}{v}\frac{G^f}{G^a} < 1 \tag{6.41}$$

(6.39) 式において

$$1 - \frac{d}{v}\frac{G^f}{G^a} = \alpha \tag{6.42}$$

$$\frac{d}{v}\frac{G^f}{G^a} {}^{E}F = \beta \tag{6.43}$$

とおくと,

$$^{C}F_{n+1} = \alpha {}^{C}F_n + \beta \tag{6.44}$$

この漸化式を解くと

$$^{C}F_{n+1} = \alpha^{n}F_1 + \sum_{t=0}^{n-1} \alpha^t \beta$$

$$= \alpha^{n}F_1 + \frac{1-\alpha^n}{1-\alpha}\beta \qquad (6.45)$$

(6.41) 式を用いると，$n \to \infty$ としたときの (6.45) 式の極限値は，

$$\frac{\beta}{1-\alpha} \qquad (6.46)$$

に収束する．

(6.42)，(6.43) 式を (6.46) 式に代入して，

$$\frac{\dfrac{d}{v}\dfrac{G^f}{G^a}{}^{E}F}{1-\left(1-\dfrac{d}{v}\dfrac{G^f}{G^a}\right)} = {}^{E}F \qquad (6.47)$$

したがって，総合保険料方式においては，年金資産は加入年齢方式の年金資産（責任準備金）に近付く．

$$^{C}F_{n+1} = ({}^{C}F_n + {}^{C}C_n - B)(1+i) \qquad (6.48)$$

において，n を ∞ におきかえて，${}^{C}C_\infty$ を求めると，${}^{C}F_\infty = {}^{E}F$ であることから，

$$^{C}C_\infty = {}^{E}C$$

したがって，掛金額も加入年齢方式に近付く．

$$^{C}F_\infty = \frac{B - {}^{C}C_\infty}{d} \qquad (6.49)$$

であることから，総合保険料方式の責任準備金もまた加入年齢方式の責任準備金に近付くことがわかる．

v）開放型総合保険料方式（open aggregate cost method）

① 掛金額：　前述の総合保険料方式は，収支バランスの対象を「現在加入者」のみとして標準掛金を算定していたが，この方式は，将来加入者の見込みをあらかじめ収支バランスの計算に織り込むようにし，将来加入者も含めて平準的な標準掛金を算定するようにしたものである．したがって，制度導入時点の収支相等式は，

現在加入者および将来加入者の掛金収入現価
＝現在加入者および将来加入者の給付現価

すなわち

$$^OP_1(G^a+G^f)=S^a+S^f$$

したがって，掛金額は以下のとおりとなる．

$$^OP_1=\frac{S^a+S^f}{G^a+G^f}=\left(\frac{G^a}{G^a+G^f}\right)\frac{S^a}{G^a}+\left(\frac{G^f}{G^a+G^f}\right)\frac{S^f}{G^f}$$

このように，この財政方式による掛金額は，現在加入者に必要な掛金額と将来加入者に必要な掛金額の加重平均として算定されていることがわかる．

　なお，仮に，制度導入時の加入者に過去勤務期間を通算して給付額を計算する経過措置を設定する制度設計の下でこの財政方式を適用すると，現在加入者の過去勤務期間に対応する給付の部分について，将来加入者を含めた全加入者の負担で給付原資を賄うことになってしまう．このような財政方式はもはや事前積立方式とはいえない．本書では，事前積立方式としての開放型総合保険料方式を考えることとし，制度導入時の加入者の過去勤務期間は通算しない制度設計を前提とする．

　あらためて，この前提の下での制度導入時点の収支相等式は，

$$^OP_1(G^a+G^f)=S^a_{FS}+S^f \tag{6.50}$$

ここに，S^a_{FS} は，現在加入者の将来の勤務期間に対応する給付現価を表す．

　したがって，掛金額は，

$$^OP_1=\frac{S^a_{FS}+S^f}{G^a+G^f} \tag{6.51}$$

② 制度導入以降の財政運営の考察： 開放型総合保険料方式においては，制度導入以降において予定と実績に乖離が生じた場合においても，財政上の過不足を調整するための補足的な掛金は設けず，そのつど掛金算定時点の現在加入者と将来加入者の収支相等を勘案した掛金に変更していく．仮に予定どおり推移したならば，制度導入当初の掛金を変更する必要はない．この場合には，全体の掛金額や積立金は，次に述べる開放基金方式でのそれと一致することになる．

vi) 開放基金方式

① 掛金額:　現在加入者に将来加入者を加えた加入者全員について,掛金算定時以降の期間に対応する給付の支出と収支バランスが図れるよう,加入者全員の今後の加入期間にわたって平準的な標準掛金を算定する.現在加入者の過去勤務期間に対応する給付原資については,一定期間内に積み立てが完了できるよう,標準掛金とは別に特別掛金を拠出して積み立てる.

この財政方式における標準掛金収入現価は,現在加入員の給付現価のうち将来勤務に対応する額と将来加入員の給付現価の合計に等しくなる.ここで,将来勤務分の給付を,単位積立方式において想定したのと同様に「全勤務期間に占める将来の勤務期間割合」×「年金額(=1)」と仮定すれば,次の算式が成り立つ.

$$S_{FS}^a = S^a - S_{PS}^a = \sum_{x=x_e}^{x_r-1} \frac{x_r - x}{x_r - x_e} l_{x_r} \ddot{a}_{x_r} v^{x_r - x} \tag{6.52}$$

とすると,

$$^{OAN}P(G^a + G^f) = S_{FS}^a + S^f \tag{6.53}$$

が成立する.したがって,

$$^{OAN}P = \frac{S_{FS}^a + S^f}{G^a + G^f} \tag{6.54}$$

② 制度導入時からの成熟過程の考察:　責任準備金(年金資産)は

$$S^p + S^a + S^f - {}^{OAN}P(G^a + G^f) = S^p + S^a + S^f - (S_{FS}^a + S^f)$$
$$= S^p + S_{PS}^a = {}^U F \tag{6.55}$$

したがって,開放基金方式の積立水準は,将来期間分の給付を「全勤務期間に占める将来の勤務期間の割合×年金額)」(すなわち期間按分)とした場合は,単位積立方式のそれと等しくなり,制度全体の標準掛金額も等しくなる.

ただし,「将来期間分の給付」の定義は,上述の前提以外の考え方も種々あるため,(6.55)式は限定された仮定の下でのみ成立することに留意する必要がある.

5) 加入時積立方式 (initial funding method)

① 掛金額:　この財政方式では,加入者が制度に加入した時点で,その加

入者にかかる給付原資を一括して拠出する.

したがって,

$$^{In}Pl_{x_e} = v^{x_r-x_e} l_{x_r} \ddot{a}_{x_r}$$

が成立している. これより

$$^{In}P = \frac{v^{x_r-x_e} l_{x_r} \ddot{a}_{x_r}}{l_{x_e}} \tag{6.56}$$

制度全体の掛金額は,

$$^{In}C = {}^{In}Pl_{x_e} = v^{x_r-x_e} l_{x_r} \ddot{a}_{x_r} \tag{6.57}$$

② 定常状態における関係式: 定常状態における年金資産(責任準備金)は,

$$\begin{aligned}
\frac{B - {}^{In}C}{d} &= S^p + S^a + S^f - \frac{v^{x_r-x_e} l_{x_r} \ddot{a}_{x_r}}{d} \\
&= S^p + l_{x_r} \ddot{a}_{x_r} \frac{v}{d} - \frac{v^{x_r-x_e} l_{x_r} \ddot{a}_{x_r}}{d} \\
&= S^p + l_{x_r} \ddot{a}_{x_r} \frac{v(1 - v^{x_r-x_e-1})}{1-v} \\
&= S^p + l_{x_r} \ddot{a}_{x_r} \sum_{x=x_e+1}^{x_r-1} v^{x_r-x} \tag{6.58}
\end{aligned}$$

したがって, 加入時積立方式の定常状態における年金資産の額は, x_e 歳を除く加入者および年金受給者にかかる給付現価に等しくなる.

期始にこれだけの年金資産があれば, その直後に新規加入者の掛金を払うことによって, 加入者全体および年金受給者にかかる給付原資が準備されることがわかる.

6.5 数値例による各種財政方式の概観

以下では, 本章で説明した内容について, 数値例を用いて補足説明する.

1) 対象集団に関する設定について (6.1節第2項)

$$x_e = 30, \ x_r = 60, \ \omega = 81, \ i = 2\%$$

を仮定する. また, 加入者の予定脱退率を一律2%, 定年年齢(年金受給開始

図表 6.3

x	$l_x^{(T)}$	ω_x	x	l_x	q_x
30	10,000.00	0.02	60	5,454.84	0.01
31	9,800.00	0.02	61	5,400.29	0.01
32	9,604.00	0.02	62	5,346.29	0.01
33	9,411.92	0.02	63	5,292.83	0.01
34	9,223.68	0.02	64	5,239.90	0.01
35	9,039.21	0.02	65	5,187.50	0.01
36	8,858.42	0.02	66	5,135.63	0.01
37	8,681.26	0.02	67	5,084.27	0.01
38	8,507.63	0.02	68	5,033.43	0.01
39	8,337.48	0.02	69	4,983.09	0.01
40	8,170.73	0.02	70	4,933.26	0.01
41	8,007.31	0.02	71	4,883.93	0.01
42	7,847.17	0.02	72	4,835.09	0.01
43	7,690.22	0.02	73	4,786.74	0.01
44	7,536.42	0.02	74	4,738.87	0.01
45	7,385.69	0.02	75	4,691.48	0.01
46	7,237.98	0.02	76	4,644.57	0.01
47	7,093.22	0.02	77	4,598.12	0.01
48	6,951.35	0.02	78	4,552.14	0.01
49	6,812.33	0.02	79	4,506.62	0.01
50	6,676.08	0.02	80	4,461.55	1
51	6,542.56	0.02	小計	103,790.46	
52	6,411.71	0.02			
53	6,283.47	0.02			
54	6,157.80	0.02			
55	6,034.65	0.02			
56	5,913.95	0.02			
57	5,795.68	0.02			
58	5,679.76	0.02			
59	5,566.17	0.02			
小計	227,257.84				

年齢) 以降の予定死亡率を 1% とし, 定常人口が成立しているものとする.

この場合, 当該集団における年齢別の人員構成は, 図表 6.3 のようになる.

その結果, 図表 6.1 に記載の年金制度の仮定の下では,

$$B = 103,790$$

$$L = 227,258$$

となる.

2) 給付現価について（6.3 節第 1 項）

図表 6.3 の設例で，年齢 x 歳の加入者の年金現価 $l_{x_r} \ddot{a}_{x_r} v^{x_r-x}$，年齢 x 歳の年金受給者の年金現価 $l_x \ddot{a}_x$ を計算すると図表 6.4 のようになる.

まず，年金受給者給付現価 S^p は，図表 6.4 において $l_x \ddot{a}_x$ を年金受給者の各年齢について合計した額であるから，

$$S^p = 974,202$$

図表 6.4

x	$l_x^{(T)}$	$l_{x_r} \ddot{a}_{x_r} v^{x_r-x}$	x	l_x	$l_x \ddot{a}_x$
30	10,000.00	47,689.12	60	5,454.84	86,382.23
31	9,800.00	48,642.90	61	5,400.29	82,545.94
32	9,604.00	49,615.76	62	5,346.29	78,688.56
33	9,411.92	50,608.07	63	5,292.83	74,809.11
34	9,223.68	51,620.23	64	5,454.84	70,906.61
35	9,039.21	52,652.64	65	5,187.50	66,980.04
36	8,858.42	53,705.69	66	5,135.63	63,028.39
37	8,681.26	54,779.81	67	5,084.27	59,060.62
38	8,507.63	55,875.40	68	5,033.43	55,045.68
39	8,337.48	56,992.91	69	4,983.09	51,012.49
40	8,170.73	58,132.77	70	4,933.26	46,949.99
41	8,007.31	59,295.42	71	4,883.93	42,857.06
42	7,847.17	60,481.33	72	4,835.09	38,732.59
43	7,690.22	61,690.96	73	4,786.74	34,575.45
44	7,536.42	62,924.78	74	4,738.87	30,384.49
45	7,385.69	64,183.27	75	4,691.48	26,158.53
46	7,237.98	65,466.94	76	4,644.57	21,896.38
47	7,093.22	66,776.28	77	4,598.12	17,596.85
48	6,951.35	68,111.80	78	4,552.14	13,258.70
49	6,812.33	69,474.04	79	4,506.62	8,880.69
50	6,676.08	70,863.52	80	4,461.55	4,461.55
51	6,542.56	72,280.79	81	0.00	0.00
52	6,411.71	73,726.41	小計	103,790.46	974,201.96
53	6,283.47	75,200.93			
54	6,157.80	76,704.95			
55	6,034.65	78,239.05			
56	5,913.95	79,803.83			
57	5,795.68	81,399.91			
58	5,679.76	83,027.91			
59	5,566.17	84,688.47			
小計	227,257.84	1,934,655.87			

となる．

また，加入者給付現価 S^a は（6.5）式より

$$S^a = \sum_{x=x_e}^{x_r-1} l_{x_r} \ddot{a}_{x_r} v^{x_r-x}$$

であるから，図表 6.4 において $l_{x_r} \ddot{a}_{x_r} v^{x_r-x}$ の列の数値を合計した 1,934,656 となる．

図表 6.5

x	$l_x^{(T)}$	$\sum\limits_{y=x}^{x_r-1} l_y^{(T)} v^{y-x}$
30	10,000.00	178,207.77
31	9,800.00	171,571.92
32	9,604.00	165,007.36
33	9,411.92	158,511.43
34	9,223.68	152,081.50
35	9,039.21	145,714.97
36	8,858.42	139,409.28
37	8,681.26	133,161.87
38	8,507.63	126,970.23
39	8,337.48	120,831.85
40	8,170.73	114,744.26
41	8,007.31	108,705.00
42	7,847.17	102,711.64
43	7,690.22	96,761.77
44	7,536.42	90,852.97
45	7,385.69	84,982.89
46	7,237.98	79,149.14
47	7,093.22	73,349.38
48	6,951.35	67,581.29
49	6,812.33	61,842.54
50	6,676.08	56,130.81
51	6,542.56	50,443.83
52	6,411.71	44,779.30
53	6,283.47	39,134.94
54	6,157.80	33,508.50
55	6,034.65	27,897.71
56	5,913.95	22,300.32
57	5,795.68	16,714.09
58	5,679.76	11,136.79
59	5,566.17	5,566.17
小計	227,257.84	2,679,761.52

また，将来加入者の給付現価 S^f は，(6.6) 式より

$$\sum_{t=1}^{\infty} v^t \left(l_{x_r}\ddot{a}_{x_r}v^{x_r-x_e}\right)=l_{x_r}\ddot{a}_{x_r}v^{x_r-x_e}\sum_{t=1}^{\infty}v^t=l_{60}\ddot{a}_{60}v^{30}\frac{v}{1-v}=2,384,456$$

したがって，総給付現価 S は，

$$S^p+S^a+S^f=974,202+1,934,656+2,384,456=5,293,314$$

また，人数現価については，図表6.5のようになる．

これより，現在加入者については，$G^a=2,679,762$．また将来加入者については (6.11) 式より $G^f=\left(\dfrac{v}{d}\right)\sum_{y=x_e}^{x_r-1}l_y^{(T)}v^{y-x_e}$ であるから，これを計算すると，8,910,388 となる．

結局，現在加入者と将来加入者の人数現価を合算すると，2,679,762+8,910,388=11,590,150 となる．

一方，L/d を計算すると，11,590,150 になり，(6.12) 式が確かめられる．

3) 各財政方式における数値例

今回の設例において，主な財政方式を採用した場合の数値例を図表6.6から図表6.13に示す．

図表6.6　賦課方式のまとめ

項　目	算式	数値
受給者1人あたりの掛金 ^PP	1	1
掛金 ^PC	$\sum_{x=x_r}^{\omega}l_x=B$	103,790
責任準備金，年金資産 ^PF, ^PV	0	0

図表6.7　退職時年金現価積立方式のまとめ

項　目	算式	数値
定年到達者1人あたりの標準掛金 ^TP	$\ddot{a}_{x_r}$	15.8359
標準掛金 ^TC	$l_{x_r}\ddot{a}_{x_r}$	86,382
責任準備金，年金資産 ^TF, ^TV	$S^p-l_{x_r}\ddot{a}_{x_r}$	887,820

図表 6.8 単位積立方式のまとめ

項　目	算式	数値
加入者 1 人あたりの標準掛金 ^UP_x	$v^{x_r-x}\dfrac{l_{x_r}}{l_x^{(T)}}\dfrac{1}{x_r-x_e}\ddot{a}_{x_r}$	図表 6.9 参照
標準掛金 ^UC	$\dfrac{l_{x_r}\ddot{a}_{x_r}}{x_r-x_e}\displaystyle\sum_{t=1}^{x_r-x_e}v^t$	64,489
責任準備金，年金資産 ^UF, ^UV	$S^p+\displaystyle\sum_{x=x_e}^{x_r-1}\dfrac{x-x_e}{x_r-x_e}l_{x_r}\ddot{a}_{x_r}v^{x_r-x}$	2,004,399

図表 6.9 単位積立方式の加入者 1 人あたりの標準掛金

x	^UP_x	x	^UP_x	x	^UP_x
30	0.1590	40	0.2372	50	0.3538
31	0.1655	41	0.2468	51	0.3683
32	0.1722	42	0.2569	52	0.3833
33	0.1792	43	0.2674	53	0.3989
34	0.1865	44	0.2783	54	0.4152
35	0.1942	45	0.2897	55	0.4322
36	0.2021	46	0.3015	56	0.4498
37	0.2103	47	0.3138	57	0.4682
38	0.2189	48	0.3266	58	0.4873
39	0.2279	49	0.3399	59	0.5072

図表 6.10 賦課方式・退職時年金現価積立方式・単位積立方式比較

財政方式	標準掛金	年金資産	運用収益
賦課方式	103,790	0	0
退職時年金現価積立方式	86,382	887,820	17,408
単位積立方式	64,489	2,004,399	39,302

図表 6.11 加入年齢方式のまとめ

項　目	算式	数値
加入者 1 人あたりの標準掛金 ^EP	$\dfrac{l_{x_r}\ddot{a}_{x_r}v^{x_r-x_e}}{\displaystyle\sum_{x=x_e}^{x_r-1}l_x^{(T)}v^{x-x_e}}$	0.2676
標準掛金 ^EC	$l_{x_r}\ddot{a}_{x_r}v^{x_r-x_e}\dfrac{\displaystyle\sum_{x=x_e}^{x_r-1}l_x^{(T)}}{\displaystyle\sum_{x=x_e}^{x_r-1}l_x^{(T)}v^{x-x_e}}$	60,815
責任準備金，年金資産 ^EF	$S^p+S^a-{}^EPG^a$	2,191,743

図表 6.12 開放基金方式のまとめ

項　目	算式	数値
加入者1人あたりの標準掛金 ^{OAN}P	$\dfrac{S_{FS}^{g}+S^{f}}{G^{a}+G^{f}}$	0.2838
標準掛金 ^{OAN}C	$\dfrac{l_{x_r}\ddot{a}_{x_r}}{x_r-x_e}\displaystyle\sum_{t=1}^{x_r-x_e}v^{t}$	64,489
責任準備金，年金資産 $^{OAN}F,\ ^{OAN}V$	$S^{p}+\displaystyle\sum_{x=x_e}^{x_r-1}\dfrac{x-x_e}{x_r-x_e}l_{x_r}\ddot{a}_{x_r}v^{x_r-x}$	2,004,399

図表 6.13 加入時積立方式のまとめ

項　目	算式	数値
新規加入者1人あたりの掛金 ^{In}P	$\dfrac{v^{x_r-x_e}l_{x_r}\ddot{a}_{x_r}}{l_{x_e}^{(T)}}$	4.7689
掛金 ^{In}C	$v^{x_r-x_e}l_{x_r}\ddot{a}_{x_r}$	47,689
責任準備金，年金資産 $^{In}F,\ ^{In}V$	$^{p}S+l_{x_r}\ddot{a}_{x_r}\displaystyle\sum_{x=x_e+1}^{x_r}v^{x_r-x}$	2,861,169

ここで，給付額 B については，財政方式によらず $\displaystyle\sum_{x=x_r}^{\omega}l_x=103{,}790$ である．

なお，賦課方式，退職時年金現価積立方式および単位積立方式それぞれにかかる標準掛金，年金資産および運用収益を比べると図表 6.10 のようになり，標準掛金が小さいほど積立金の水準が大きくなり運用収益も大きくなる．

◆ 練 習 問 題 6 ◆

1. 極限方程式（6.1）を次の手順で証明しなさい．

(1) n 年度期始の年金資産残高を F_n，翌年度期始の年金資産残高を F_{n+1} および翌々年度期始の年金資産残高を F_{n+2} とする．掛金 C，給付 B，予定運用利率 i を用いて F_n と F_{n+1}，および F_{n+1} と F_{n+2} の間に成立する再帰式を記したあと，これら2つの再帰式から C，B を消去して，$(F_{n+1}-F_n)(1+i)=F_{n+2}-F_{n+1}$ が成立することを示す．

(2) （1）で示したことより，年金資産 F_n が一定になることが制度運営上必要になることを示す．

2. 式（6.20）および（6.27）から単位積立方式および加入年齢方式の制度全体の掛金額の比較をしなさい．

7 財政運営
(財政計算, 財政決算)

7.1 財政計算の概要

1) 財政計算とは

　財政計算とは，給付建ての年金制度において将来の給付を見積もり，そのために必要な掛金を計算することである．確定給付企業年金や厚生年金基金は事前積立方式で運営されるため，制度発足時から掛金の払い込みが行われる．また，年金制度を運営していくうちに積立不足が多額になった場合や，制度発足後に給付設計を変更した場合には掛金の見直しが行われる．

　なお，本章では特に断りのない場合，2019 年 8 月現在で有効な法令等に基づき記述している．

2) 財政計算の基本的な仕組み

　i) 収支相等の原則　　財政計算では，将来予測に基づき，将来の掛金収入見込額の現価と給付支出見込額の現価とが等しくなるように掛金を決定する．この前提は収支相等の原則と呼ばれている．

　ii) 計算基礎率の設定　　将来予測を行うために，予定利率，予定死亡率，予定脱退率等の計算基礎率を設定する．財政計算に用いる計算基礎率は年金制度を構成する集団の実績や経済環境に基づき算定されるが，年金財政への影響を勘案して実績より保守的に設定される場合もある．例えば，定年退職者に厚い給付を行う制度において，給付額の支払いをより多く見込むために予定脱退率を実績より低めに設定して定年退職する者を多めに見積もることや，資産運用収益に関する差損による積立不足の発生を抑制するために予定利率を低めに設定することなどがある．

iii）財政計算の手法　　ここでは，確定給付企業年金制度を例に解説する．財政方式は加入年齢方式を採用しているものとする．

①　制度に加入してくる標準的な年齢（新規加入年齢）を過去の実績や企業の採用方針から決定する．

②　新規加入年齢で加入してきた集団に対し，以後の加入期間について将来の給付支払の見込み額（給付現価）を算定する．

③　給付現価を以後の在籍者でちょうど賄えるように一人当たり（給与比例であれば1円当たり）の掛金を算出する．（これが標準掛金であり新規加入年齢以外で加入してきた者を含めて全ての加入者に適用する．）

④　制度の全加入者，受給権者に対して将来の給付現価を算出する．

⑤　全加入者が以後の加入期間で払い込む標準掛金収入の見込み額（標準掛金収入現価）を算出する．

⑥　給付現価から標準掛金収入現価を控除して給付債務を算出する．

⑦　給付債務から積立金の額を控除して積立不足（過去勤務債務）を算出する．

⑧　過去勤務債務の予定償却期間を決定し特別掛金を算出する．

掛金算出方法のイメージは図表7.1の通りである．

図表 7.1　加入年齢方式における掛金算出方法のイメージ

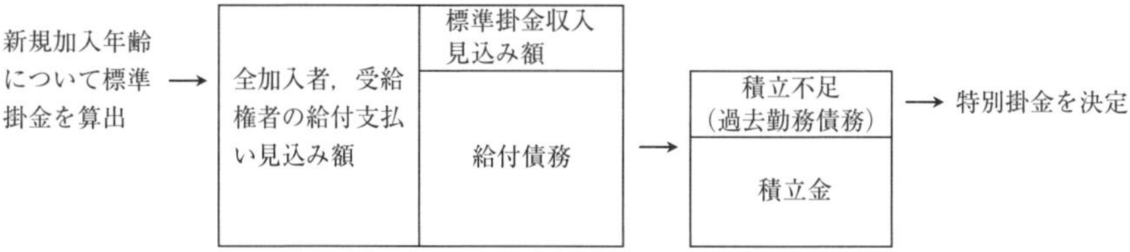

7.2　財政計算の実務

1）確定給付企業年金の財政計算の種類

財政計算が行われる状況には以下のようなものが挙げられる．

- 年金制度を開始する場合
- 少なくとも5年に1度行う財政再計算

- 年金制度を合併する場合
- 年金制度を分割する場合
- 他の年金制度の加入者や受給権者を受け入れる場合
- 加入者数が前回の財政計算の計算基準日に比べて著しく増減した場合
- 加入者の資格または給付の設計を変更する場合
- 過去勤務債務の予定償却期間を変更する場合
- 財政決算で認識された積立不足（「7.5節 財政検証の実務」を参照）を解消する場合

2) 確定給付企業年金の財政計算の実務

財政計算のなかで主なものについて解説する.

ⅰ) 年金制度を開始する場合

〔概　要〕　新たに年金制度を開始する場合に必要な掛金を算出するものである. 前述したとおり計算基礎率を決定し，採用する財政方式に基づき標準掛金，特別掛金を算出する.

　実際の給付設計では制度発足前の期間（過去勤務期間）を給付額算定期間に含めることが多いが，その場合には給付債務が0とはならない. 一方，制度発足時には一般的に積立金の額は0であるため，制度発足時に多額の積立不足が発生することになる. ただし，すでに実施している年金制度を廃止しその積立金を新しい制度に持ち込んで制度を発足する場合には積立不足が圧縮されることもある. 制度発足時の積立金の額が0であり，発足してからまもなく給付支払いが見込まれる場合には，積立金の額を早期に形成するために積立不足の償却期間を短くして，特別掛金の水準をより高くすることが望ましい.

ⅱ) 積立不足を解消する場合

〔概　要〕　年金制度を運営していくうちに年金財政上の積立不足が大きくなり，毎年行われる財政検証において積立不足があらかじめ設定している許容範囲を超えた場合に，掛金の増額により積立不足を解消し手当てするものである（財政検証の仕組みは「7.5節 財政検証の実務」を参照）. つまり，将来の掛金収入増加額と積立不足額が等しくなるように掛金を見直すことになる. この財政計算は，あらかじめ設定した許容範囲を超えた場合に強制的に行う場合

図表7.2 積立不足を解消する財政計算のイメージ図

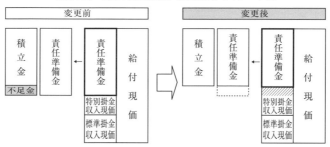

と，許容範囲を超えていなくても事業主が自主的に判断して行う場合がある．

　積立不足を解消する財政計算では通常，計算基礎率の見直しは行わない．確定給付企業年金では財政計算の度に計算基礎率を見直すものとされているが，前回の財政計算において定めた計算基礎率（予定利率および予定死亡率を除く）を継続して用いることが適切な場合には継続して用いることができる．

　〔計算のイメージ〕　この場合の責任準備金と積立金の関係は図表7.2のとおりである．

　計算基礎率の見直しを行わないと，給付現価や標準掛金収入現価は変動しない．したがって，図表7.2のとおり，発生した積立不足を特別掛金収入現価に振り替えることによって責任準備金の額を小さくしている．結果的に，今後の特別掛金を増やすことによって積立不足を解消し，収支相等を成立させている．

　ここで，従前の特別掛金の残余償却年数を変更しないと仮定した場合，財政計算によって計算される新たな特別掛金額 $P(\mathrm{PSL})'$ と従来の特別掛金額 $P(\mathrm{PSL})$ との関係は，以下のとおり表される．なお，N は残余償却年数に対応した現価率であり，各月の掛金1単位を現在価値に割り引いたものである（すなわち，N に各月の掛金額を乗じたものが特別掛金収入現価になる）．

$$P(\mathrm{PSL})' = \frac{\text{変更後の特別掛金収入現価}}{N}$$

$$= \frac{\text{変更前の特別掛金収入現価}}{N} + \frac{\text{不足金}}{N}$$

$$= P(\mathrm{PSL}) + \frac{\text{不足金}}{N}$$

図表 7.3　財政再計算のイメージ図

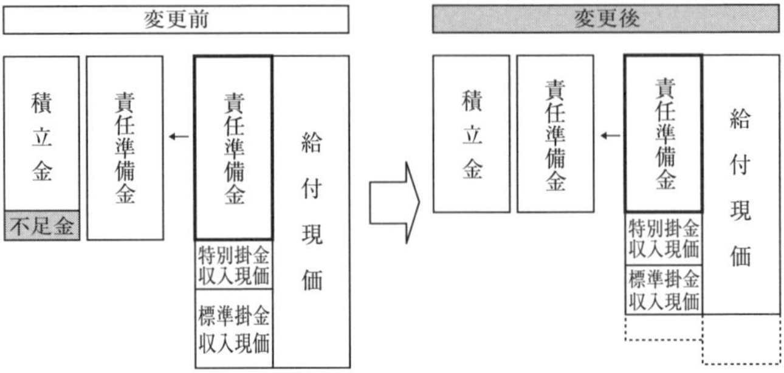

変更前	変更後
積立金／不足金　責任準備金　責任準備金　給付現価（特別掛金収入現価／標準掛金収入現価）	積立金　責任準備金　責任準備金　給付現価（特別掛金収入現価／標準掛金収入現価）

iii) 財政再計算

〔概　要〕　確定給付企業年金では，少なくとも 5 年ごとに掛金の額を再計算することが義務付けられている（確定給付企業年金法第 58 条）．これを財政再計算という．

　財政再計算では，計算基礎率の見直しと積立不足の解消を同時に行う．計算基礎率の見直しが必要であればこれを最新のものに置き換え，この新しい計算基礎率に基づき掛金や債務を算出する．また，計算時点で発生している積立不足があれば解消し特別掛金で手当てする．

　ここで，計算基礎率は加入者集団の特性に基づいて算定されるが，企業の採用計画や経済環境等の変動によって特性は変動していくものであるため，定期的にこうした変化を織り込むために洗い替えが行われる．なお，財政再計算時期だけに限らず，加入者集団に関する大幅な状況変化が認められた場合には随時行われる．

〔計算のイメージ〕　この場合の責任準備金と積立金の関係は図表 7.3 のとおりである．

　図表 7.3 のケースでは，計算基礎率の見直しを行ったことによって，給付現価も標準掛金収入現価も減少している例を示している．こうした計算基礎率の変化によって生じた責任準備金の増減と，過去に発生した不足金の合計が，特別掛金収入現価に反映されることになる．

iv) 給付設計の変更を行う場合

〔概　要〕　年金規約に定める給付設計の変更に伴って将来の給付見込額や収

入見込額が変動すると認められる場合に，それらの収入・支出見込額を計算し直し，同時に過去に生じた不足金を解消するものである．例としては以下のようなものがあり，計算基礎率の見直しが行われるケースとそうでないケースがある．

① 給付水準の増額，減額

② 給付形態の変更（最終給与比例からポイント制への変更など）

なお，給付設計の変更内容に照らして，年金財政に与える影響が軽微であると認められる場合には，財政計算を行わないこともある．

〔計算のイメージ〕　この場合の責任準備金と積立金の関係は図表7.4のとおりである．

給付設計の変更を行うことによって，給付現価や標準掛金収入現価が変動する．これによって生じた責任準備金の増減と，過去に発生した不足金の合計が，特別掛金収入現価に反映されることになる．

ここで，より具体的なイメージを確認するために，掛金と給付が基準給与に比例する年金制度において，給付水準を一律 k 倍（ただし $k > 1$）にする制度変更が行われたと仮定し，その場合に生じる数値の変動を説明する．まず，制度変更時の給付現価を S，標準掛金率を $P(\mathrm{NC})$，給与現価を G，基準給与合計を Sal と表記する．なお，計算基礎率の変更は行わないものとし，従前の特別掛金の残余償却年数（現価率は N）を変更しないと仮定する．

まず，給付現価 S および標準掛金率 $P(\mathrm{NC})$ は一律に増加し，給与現価 G は

図表7.4 給付設計の変更に伴う財政計算のイメージ図

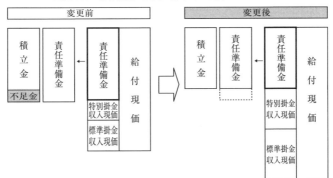

変動しないので，

$$S'=k\times S$$

$$P(NC)'=k\times P(NC)$$

ここで，変更後において「責任準備金＝積立金」とするには，

$$S'-P(NC)'\times G-P(PSL)'\times N\times Sal=積立金$$

　一方，変更前は，「責任準備金＝積立金＋不足金」であるため，

$$S-P(NC)\times G-P(PSL)\times N\times Sal=積立金＋不足金$$

したがって，

$$積立金=S-P(NC)\times G-P(PSL)\times N\times Sal-不足金$$
$$=S'-P(NC)'\times G-P(PSL)'\times N\times Sal$$
$$=k\times S-k\times P(NC)\times G-P(PSL)'\times N\times Sal$$

　この等式を $P(PSL)'$ について解くと，財政計算によって計算される新たな特別掛金額 $P(PSL)'$ と従来の特別掛金額 $P(PSL)$ との関係は，以下のとおり表される.

$$P(PSL)'=P(PSL)+\frac{不足金}{N\times Sal}+\frac{(k-1)\{S-P(NC)\times G\}}{N\times Sal}$$

　この式は，積立不足の解消による特別掛金の引き上げに加え，給付水準の引き上げによって生じた責任準備金の増加分を特別掛金に加算することを意味している.

3) 確定給付企業年金の財政計算における実務上の留意点

　確定給付企業年金の財政計算について，実務上次のような点に留意しておく必要がある.

　ⅰ) 剰余金の取り扱い　　財政計算を行う時点で剰余金（別途積立金）を保有している場合は，財政計算における積立金から剰余金を控除したものを積立金とすることができる. すなわち，剰余金は収支相等式の枠外に留保して将来の不測の事態に備えることができる. この場合は，前節の財政計算において「積立金」を「積立金－剰余金」に置き換えて計算することになる.

　一方，給付水準の引き上げや財政再計算によって掛金が増加する場合については，剰余金を取り崩すことにより掛金増加を抑制することができる. また，

図表7.5 剰余金の取り崩しによる掛金引き下げのイメージ図

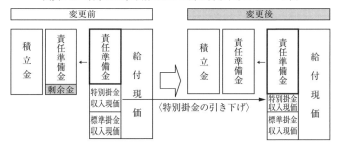

図表7.5のようにして掛金の引き下げにあてることもできるが，その場合は将来の不測の事態に備えるバッファーがなくなることに留意する必要がある．

ii）特別掛金の償却方法　特別掛金は有限期間で償却することとされている．償却方法は主として元利均等償却方式と定率方式がある．

なお，すでに償却中の特別掛金がある場合は，財政の健全性から従前の償却年数を短縮するかそのまま適用することが原則であるが，変更後の掛金が変更前のそれより下がらない範囲であれば償却年数を延長することも可能である．

① 元利均等償却方式：　財政計算時点の積立不足（未償却過去勤務債務残高）を均等に償却するという考えに基づき，掛金率を決定する．すなわち，以下の式で計算した掛金率を規約に定め，毎月払い込む．償却期間は3年以上20年以内とされている．

$$特別掛金率＝\frac{未償却過去勤務債務残高}{予定利率および償却期間に対応した年金現価率×給与合計}$$

ここでいう「年金現価率」とは，将来n年間にわたって単位1の掛金を払う場合の当該掛金の現在価値を表すものであり，例えば償却期間が10年で利率がゼロであれば，10年×12ヶ月＝120となる．したがって，上記式の分母に特別掛金率を乗じた額は将来の特別掛金の総額の現在価値を表すことになり，これが分子の未償却過去勤務債務に一致すれば，埋めるべき積立不足の金額と将来の特別掛金の現在価値が等しいことになるので，収支相等が成り立つことになる．

なお，あらかじめ償却期間の最短期間および最長期間に対応した特別掛金率を各々規約に明記しておき，その範囲内で毎事業年度毎に適用する特別掛金率

を決定する方法（弾力償却）を採用することも可能である．

② 定率方式：　前年度末時点の未償却過去勤務債務残高の一定割合を償却するという考えに基づき，掛金率を決定する．償却割合は年当たり15% から 50% の範囲で定める．この方式では，未償却過去勤務債務残高が減少するにつれて毎年の掛金率も逓減していくため，常に償却額を未償却過去勤務債務残高の一定割合とすると永久に償却が終わらないことになる．これを避けるため，未償却過去勤務債務残高が標準掛金年間額以下となるときは，未償却過去勤務債務残高全額を特別掛金として償却を終了することができる．毎年の掛金額は以下の考え方に基づき設定される．

　　　1 年度の特別掛金額
　　　　＝財政計算時点の未償却過去勤務債務残高×償却割合（%）
　　　2 年度の特別掛金額
　　　　＝1 年度末未償却過去勤務債務残高×償却割合（%）
　　　　＝{財政計算時点の未償却過去勤務債務残高×(1＋予定利率)
　　　　　　－1 年度特別掛金額×(1＋予定利率)$^{1/2}$}×償却割合（%）
　　　3 年度の特別掛金額
　　　　＝2 年度末未償却過去勤務債務残高×償却割合（%）
　　　　＝{1 年度末未償却過去勤務債務残高×(1＋予定利率)
　　　　　　－2 年度特別掛金額×(1＋予定利率)$^{1/2}$}×償却割合（%）

iii）計算基準日と掛金適用日　　財政計算は，当該財政計算の結果に基づき規約に定める掛金を変更する掛金適用日の前 1 年以内のいずれかの日，計算の種類によっては適用日の前日において実施されていた確定給付企業年金の事業年度の末日（適用日前 1 年 6 ヶ月以内の日に限る）のいずれかを計算基準日として行われる．掛金適用日は計算基準日の 1 年後に設定されることが多い．

4）財政再計算における計算基礎率の変化

　少なくとも 5 年に一度行われる財政再計算では，予定脱退率や予定昇給率などの計算基礎率を最新の実績に基づいたものに洗い替え再設定する．それによって将来推計の前提が変更されるため責任準備金や掛金率が変動することになる．これらは，給付設計や変更前後の基礎率の形状などによって相違するた

め，これらを要因別に分析しておくことは年金制度の運営上も有意義である．

ⅰ）計算基礎率と掛金率の基本的な関係　　前述のとおり，企業年金の掛金率は収支相等の原則に基づいて設定される．すなわち，以下のとおり，掛金率 P は給付現価と収入現価が一致するように決定される．

〔給与比例型制度の場合〕

給付現価＝P×給与現価　→　P＝給付現価÷給与現価

〔定額型制度の場合〕

給付現価＝P×人数現価　→　P＝給付現価÷人数現価

この式からわかるとおり，P の算式の分母，分子の割合が変動すると掛金率も変動する．財政再計算等で計算基礎率が変化した場合，分母も分子も変動することになるが，その変動の度合いを分析することで掛金率の変動を説明することができる．

以下では，定年退職者のみに給付を行う単純な制度を例にとって，計算基礎率の変化による年金財政への影響について分析する．

ⅱ）予定脱退率の変動　　予定脱退率の変動による掛金率の変動を分析するため，定年退職者のみに年額 1 の終身年金を毎年初に支給する定額型の年金制度を考える．財政方式は加入年齢方式とし，受給者はいないものとする．加入年齢を x_e 歳とした場合の標準掛金率を P_{x_e} とすれば

$$P_{x_e}=\frac{x_e\,\text{歳時点の給付現価}}{x_e\,\text{歳時点の人数現価}}$$

となる．

① 予定脱退率の水準の影響：　ここで，図表 7.6 のような 2 つの脱退残存表 A，B を考え，財政再計算によって脱退残存表のみが A から B に変わった

図表 7.6

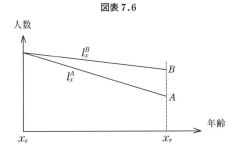

図表7.7

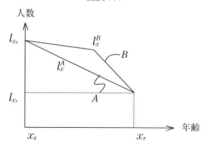

ものとする．

この場合，掛金率算定式の分母である「人数現価」は加入から定年までの期間ののべ加入者数に連動するため，A よりも B のほうが大きくなる．一方，分子である「給付現価」については，定年退職時まで残存した加入者数に連動するため，やはり A よりも B のほうが大きくなるが，この場合はのべ人数に比例する「人数現価」よりも最終残存者数に比例する「給付現価」のほうが変化が大きく，分母よりも分子のほうがより大きく増加するため，掛金率は上昇する傾向にある．

すなわち，このような前提の下では予定脱退率が全般的に低下すると掛金率が上昇する傾向がある．

② 予定脱退率の形状の影響：　次に，図表7.7のような2つの脱退残存表 A，B を考え，財政再計算によって脱退残存表のみが A から B に変わったものとする．

この場合，掛金率算定式の分母である「人数現価」は加入から定年までの期間ののべ加入者数に連動するため，A よりも B のほうが大きくなる．一方，分子である「給付現価」については，定年退職時まで残存した加入者数に連動するため，A と B は等しい．したがって，この場合は分母だけが増加することになり，掛金率は低下することになる．

iii) 予定昇給指数の変動　予定昇給指数の変動による掛金率の変動を分析する．定年退職者のみに定年到達時の給与と同額の終身年金を支給する単純な最終給与比例型の年金制度を考える．財政方式は加入年齢方式とし，受給者はいないものとする．加入年齢を x_e 歳とした場合の標準掛金率を P_{x_e} とすれば

$$P_{x_e} = \frac{x_e \text{ 歳時点の給付現価}}{x_e \text{ 歳時点の給与現価}}$$

となる.

① 予定昇給指数の傾きの影響： ここで，図表7.8のような2つの予定昇給指数 A, B を考え，財政再計算によって予定昇給指数のみが A から B に変わったものとする.

この場合，掛金率算定式の分母である「給与現価」は加入から定年までの期間ののべ給与に連動するため，A よりも B のほうが大きくなる．一方，分子である「給付現価」については，定年退職時まで残存した場合の予定昇給指数に連動するため，やはり A よりも B のほうが大きくなるが，この場合はのべ給与に比例する「給与現価」よりも最終給与に比例する「給付現価」のほうが変化が大きく，分母よりも分子のほうがより大きく増加するため，掛金率は上昇する傾向がある.

すなわち，このような前提の下では予定昇給指数の傾きが全般的に上昇すると掛金率は上昇する傾向がある.

② 予定昇給指数の形状の影響： 次に，図表7.9のような2つの予定昇給指数 A, B を考え，財政再計算によって予定昇給指数のみが A から B に変わったものとする.

この場合，掛金率算定式の分母である「給与現価」は加入から定年までの期間ののべ給与に連動するため，A よりも B のほうが大きくなる．一方，分子である「給付現価」については，定年退職時まで残存した場合の予定昇給指数に連動するため，変化しない．したがって，この場合は分母だけが増加することになり，掛金率は低下することになる.

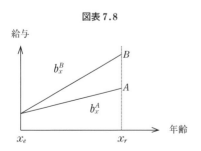

図表7.8

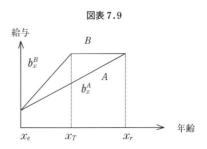

図表7.9

7.3　リスク対応掛金を設定する場合の財政計算

1)　リスク対応掛金の導入

　前節まで，財政計算においては，将来加入期間に対して必要な掛金である「標準掛金」と，過去の勤務期間に対応する積立不足を解消する「特別掛金」とが設定されることを説明した．一方で，資産運用の損失をはじめとした予定と実績の乖離によって新たな積立不足が発生する可能性があるが，こうした積立不足については現実に不足が発生した以降に掛金を引き上げて対応することになる．しかしながら，資産運用の損失が生じる経済環境では企業業績も悪化しており掛金の引き上げが容易でないといった課題が指摘されていた．

　そこで，企業が負担可能な時期に早期に掛金拠出することでより安定的な年金財政運営を実現するため，従来の掛金に加えて，将来発生しうる損失リスクに対して「リスク対応掛金」を拠出することが2017年より可能となった．

2)　財政悪化リスク相当額

　リスク対応掛金の上限を決めるため，将来発生するリスク相当額（通常の予測を超えて財政の安定が損なわれる危険に対応する額）として，「財政悪化リスク相当額」が定められた．「財政悪化リスク相当額」は再計算ごとに見直す．具体的な算定方法は以下の2とおり．

　i) 標準的な算定方法　　将来発生するリスクとして，将来の積立金の価格変動による積立金の減少を想定することとし，資産区分ごとの積立金額にリス

図表7.10

| 資産区分 | リスク係数の定められている資産 | | | | | | 合計 | その他資産 | 資産合計 |
	国内債券	国内株式	外国債券	外国株式	一般勘定	短期資産			
資産額	6億円	2億円	2億円	1億円	2億円	1億円	14億円	1億円	15億円
リスク係数	5%	50%	25%	50%	0%	0%	—	—	—
資産額×リスク係数の額	0.3億円	1億円	0.5億円	0.5億円	—	—	2.3億円 (A)	1.07 (B)	2.46億円 (A×B)

補正率
資産合計＝15億円，係数の定められている資産合計＝14億円
資産合計÷係数の定められている資産合計　15÷14＝1.07（B）

ク係数を乗じた額の合計額に基づき算定する方法である.

〈標準方式の計算方法および計算例〉

　　(A) 資産区分ごとに資産残高に所定の係数を乗じ，これらの合計額を算出.

　　(B) 係数の定められていない資産（その他の資産）の額を勘案した補正率を算定.

　(A×B) が「将来発生するリスク」の額の測定値となる（図表7.10）.

ⅱ）特別算定方法　　厚生労働大臣の承認を得て，個々の確定給付企業年金の実情に合った方式により算定する方法.

3) リスク対応掛金の設定方法

　リスク対応掛金は，財政悪化リスク相当額の範囲内で企業が拠出水準を定め，5〜20年での均等拠出，弾力拠出または定率拠出等により拠出する（図表7.11）.

　また，現に発生している積立不足に対応する特別掛金とは異なり，将来のリスクに備えるためのものであることから，優先度を考慮し，リスク対応掛金の拠出期間は特別掛金の償却期間よりも長期に設定することとされている.

図表7.11

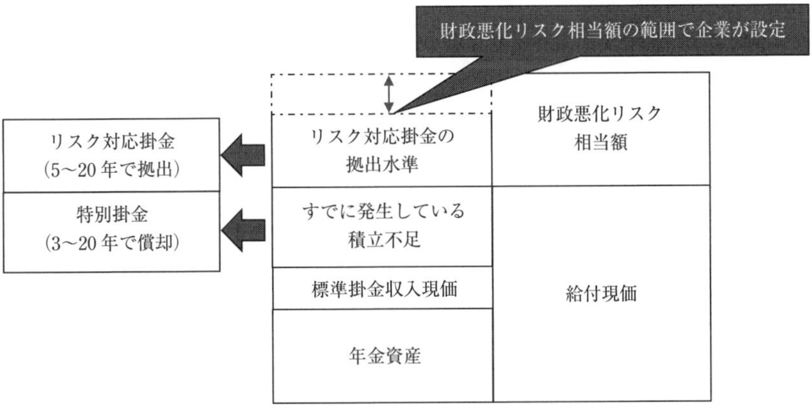

7.4 財政決算の概要

1) 財政決算

　給付建ての年金制度では，一定の前提に基づき，あらかじめ規約に定めた給付を支払うために必要な掛金を払い込む計画を立てて制度を開始する．しかし，実際に運営を始めると，あらかじめ設定した計算基礎率通りにすべての諸条件が推移する可能性は極めて低い．つまり，予定と実際のぶれが生じる．年金財政上プラス方向のぶれであれば大きな問題にはならないが，マイナス方向のぶれであれば，将来的に給付支払いに支障が生ずることも想定される．したがって，年金制度を継続するためには「予定と実績のぶれ」を定期的に把握し，ぶれの大きさや発生要因を分析して運営が順調に行われているかを確認することが重要である．このように，年金制度の財政状況を定期的に確認する仕組みを「財政決算」という．わが国の確定給付型企業年金制度では，年1回財政決算日において，所定の積立水準が確保されているかを確認する「財政検証」を行うことが義務付けられている．（確定給付企業年金法第61条）

　なお，掛金建ての年金制度では，企業は加入者に所定の掛金額を支払うことのみが約束される．給付額はこの掛金を加入者が資産運用した結果で決まり，運用結果が芳しくなくても企業が穴埋めする必要はない．したがって，財政検証を行う必要はなく，実際に行われていない．

2) 財政検証の基本的な仕組み

　財政検証は積立金の額と債務の額を比較することで行われる．ここでいう債務とは，責任準備金や最低積立基準額など，年金制度の加入者や受給権者に約束している給付を支払うために現時点で保有していなければならない金額であ

図表 7.12

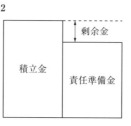

る．したがって，債務の額とは年金資産の積立目標であるといえる．このため，図表7.12のように，「債務の額＞積立金の額」となっている場合は積立不足が発生している状態であり，「債務の額＜積立金の額」となっている場合は剰余金が発生している状態である．

7.5 財政検証の実務

---

1) 確定給付企業年金の財政検証の種類

確定給付企業年金制度の財政検証は，以下の2つの視点から積立状況の検証を行うことが求められている．

i）継続基準　継続基準の財政検証とは，「年金制度が今後とも継続する」ことを前提に積立が順調に行われているかを確認するものである．

継続基準に用いる債務の額は責任準備金であり，責任準備金が実際に積み立てられているかを検証する．年金制度が継続するという前提であれば，将来の収入と収入の総額の見込みがバランスしていれば問題はないといえる．

なお，年金制度が今後も継続する前提で考えれば，今すぐに多額の給付を支払う必要は必ずしもなく，積立不足が多額でなく一定の範囲以内に収まっているのであればただちに給付支払いに支障をきたすわけではないだろう．そのため，財政検証において，積立不足が生じていても，その金額が一定以下であれば掛金の引き上げが猶予される．

ii）非継続基準　非継続基準の財政検証とは，「年金制度を仮に現時点で終了した場合に，現時点までの加入期間に見合う給付が確保されているか」を確認するものである．

非継続基準に用いる債務の額は継続基準の責任準備金とは異なり，「最低積立基準額」である．「最低積立基準額」とは，加入者および受給権者について，法令に基づき検証の基準日時点までの加入者期間に関して発生しているとみなされる給付額（最低保全給付という）の現価相当額であり，制度終了時に最低限分配しなければならない額である．

非継続基準の財政検証では，最低積立基準額と積立金の額を比較することにより，制度を終了した場合の分配額に見合う積立がなされているかを検証する

ことになる．

　最低積立基準額は，次のとおり計算される．

最低積立基準額＝最低保全給付の現価相当額

　ここで，最低保全給付とは，法令に基づく過去の加入者期間にかかる給付であり，具体的に対象者の区分ごとに以下のとおり計算される．

　年金受給者：支給を受けている年金額

　年金受給待期者：支給開始時期が到来した場合，支給される年金額

　加入者：以下の①または②

　　① 加入者の資格を喪失する標準的な年齢（「標準退職年齢」といい，定年年齢とすることが多い）まで勤務し退職した場合の給付額（年金または一時金）×現時点の加入者期間に係る支給係数÷標準退職年齢までの加入者期間に係る支給係数

　　② 検証時点で資格を喪失した場合の給付額（年金または一時金）×年齢に応じて定める率

　そして，最低積立基準額は次のように計算される．

　年金受給者，年金受給待期者：最低保全給付が支給開始年齢から支給されるとして計算される年金現価相当額

　加入者：前記①，②に応じて以下のとおり

　　① 最低保全給付が支給開始年齢から支給されるものとして計算される現時点の現価額

　　② ア）年金支給年数を満たす者：最低保全給付（年金）が支給開始年齢から支給されるものとして計算される現時点の現価相当額

　　　　イ）年金支給年数を満たさない者：最低保全給付（一時金）

　なお，上記の現価相当額を計算する際の予定利率は，年金制度で採用している予定利率にかかわらず，30 年国債の応募者利回りの 5 年平均に基づき，毎年厚生労働省から告示される利率を使用することとされている．また，労使の合意があればこの利率に 0.5% 以内の率を加減した率を用いることも許容されている．

　以下，財政検証の実務について確定給付企業年金を例に説明する．

2) 確定給付企業年金の財政検証の実務

確定給付企業年金制度では事業年度が定められている（例えば4月1日から3月31日）が，毎事業年度末（例えば3月31日）を基準とし，その時点の加入者データや積立金の額などに基づいて財政検証を行う．

ⅰ）継続基準の財政検証　前述のとおり，継続基準の財政検証は積立金の額と責任準備金を比較することで行われる．継続基準の財政検証で使用する積立金の額の評価方法は，①時価により評価する方法，②過去の一定期間における時価額を用いて時価の短期的変動を緩和する方法（数理的評価），③ ①と②のいずれか小さい額，とする方法の中からあらかじめ選択し規約に定めることとされている．

継続基準の財政検証では，積立金の額（「数理上資産額」という）が「責任準備金－許容繰越不足金」の額を下回った場合は，掛金率の見直しを行わなければならない．

ここで，許容繰越不足金とは，掛金の見直しが強制されない不足金額の上限であり，①今後20年間の標準掛金額の現価×あらかじめ定める率（15/100以下），②責任準備金×あらかじめ定める率（15/100以下，ただし積立金の評価を数理的評価方法とする場合は10/100以下），③ ①と②のいずれか小さい額，の中からあらかじめ選択した方法で算定する．

ⅱ）非継続基準の財政検証　前述のとおり，非継続基準の財政検証は積立金の額と最低積立基準額を比較することで行われる．非継続基準で用いる積立金の額の評価は，選択の余地はなく一律に時価により評価する．

非継続基準の財政検証は，積立比率（積立金の額（「純資産額」）÷「最低積立基準額」）が1.0を下回った場合は，必要に応じて掛金の追加拠出を行わなければならない．ただし，検証時に積立比率が1.0を下回っている場合においても，当該検証時の積立比率が0.9以上であってかつ，当期を除く過去3回の財政検証のうち2回以上で積立比率が1.0以上となっていた場合には，掛金の追加拠出を行わないことができるとされている．

結果として基準を満たさなかった場合は，次のいずれかの措置を講じなければならない．

① 積立比率に応じて必要な掛金を設定する方法

図表 7.13　積立比率に応じて計算される額

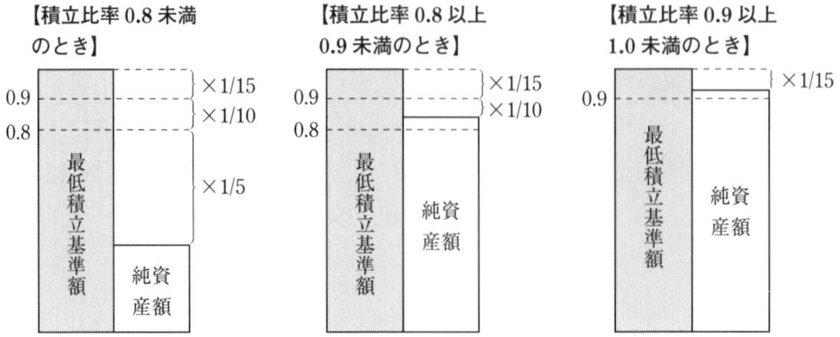

a) 翌事業年度に拠出する場合：　「積立比率に応じて図表 7.13 で計算される額」以上「最低積立基準額−純資産額」以下の範囲であらかじめ定めた額．

b) 翌々事業年度に拠出する場合：　純資産の額を，「純資産の額−翌事業年度の最低積立基準額増加（減少）見込額＋翌事業年度の純資産額増加（減少）見込額」と読み替えて，「積立比率に応じて図表 7.13 で計算される額」以上「最低積立基準額−純資産額」以下の範囲であらかじめ定めた額．

② 積立水準の回復計画を作成して積立不足を解消する方法

現行の掛金額，運用収益見込みおよび最低積立基準額の将来予測に基づき将来の積立水準を推計し，7 年以内に積立比率が 1.0 以上となるかどうかを検証する．推計の結果，積立比率が 7 年以内に基準を満たさない場合は，7 年以内に基準を満たすために必要な掛金を算出し，現行掛金を上回る掛金を追加拠出する．

7.6　継続基準の財政検証における要因分析

財政検証では，積立金の額と債務の額の差額（剰余・不足）を確認するだけでなく，その差額が発生した要因についても分析しておくことが重要である．なぜなら，差額の発生要因を分析することによって，今後の年金財政の方向性を確認することができるからである．

年金財政において剰余・不足が発生する要因には，以下のようなものがある．

1) 利差損益

実際の運用収益が予定利率による運用収益の見込みと乖離することによって発生する損益である.

2) 死差損益

死亡実績が予定死亡率による死亡見込みと乖離することによって発生する損益である.

死差損益はさらに「現在の加入者にかかる死差損益」と「年金受給者等にかかる死差損益」の2つに区分される. 前者は, 後述する脱退差損益と同様であるため, ここでは後者の説明を行う.

年金の支給形態が保証期間のない有期年金や終身年金の場合, 年金受給者が生存している場合給付が支払われ, 死亡した場合給付が終了することになる. 掛金や債務は予定死亡率に従って死亡者が発生するものとして計算されているが, 年金受給者の死亡者数が予定より少ない場合は給付支払額が予定を上回るため差損が生じる. 逆に予定より死亡者数が多い場合は給付支払額が予定を下回るため差益が生じる.

3) 脱退差損益

脱退実績が予定脱退率による脱退見込みと乖離することによって発生する損益である. 脱退差損益の出方は, 年金制度の制度設計や脱退率の形状などによって相違する. これらは, 脱退によって支払われる給付の大きさ（＝積立金の減少額）と, 脱退によって減少する責任準備金の大きさとを比較することである程度説明が可能である.

ⅰ）**高年齢層の脱退が予定より多い場合**　高年齢層は定年までの期間が短く, 高年齢層の責任準備金（＝給付現価－標準掛金収入現価）は定年退職者の給付水準に近い. 一方, 脱退によって実際に支払われる給付の大きさは制度設計に左右される. 例えば, 定年退職が定年前退職よりも大きく優遇されている設計でかつ定年前の中途脱退率が低い場合, 中途退職者に支払われる給付のほうが責任準備金より小さくなることがあるが, このような制度設計の場合で高年齢層での脱退が予定より多いと年金財政上の剰余要因となる. 反対に, 定年

退職と定年前退職の給付格差が小さく中途退職者に支払われる給付のほうが責任準備金を上回る場合は高年齢層での脱退が予定より多いと不足要因となる．

ⅱ）若年層の脱退が予定より多い場合　　若年層は定年までの期間が長く，予定利率での割引効果により責任準備金は小さくなり，場合によっては責任準備金がマイナスとなることもある．一方，若年層での脱退者に支払われる給付の額は小さいもののマイナスになることはない．したがって，中途退職者に支払われる給付のほうが責任準備金を上回っている若年層での脱退が予定より多いと年金財政上の不足要因となる．

4）昇給差損益

掛金や給付の額が給与に連動する制度の場合，昇給実績が予定昇給率による昇給見込みと乖離することによって発生する損益である．

昇給差が損益に与える影響は，年金制度の給付設計により傾向が異なるが，一般に昇給実績が予定を上回った場合は不足要因となり，昇給実績が予定を下回った場合は剰余要因となる．これは次のように説明できる．例えば1年間の昇給実績が予定を上回った場合，翌年以降の給与も予定より高額で推移すると推計されることになる．すると，将来の掛金収入見込額が増加し，同様に将来の給付支払見込額も増加する．掛金収入見込額と給付支払見込額の増加額が同一であれば過不足は生じないが，通常前者よりも後者の変動割合が大きいため，将来の支出額が増加し積立不足が発生する．昇給実績が予定を下回った場合も同様に説明できる．

影響度の大きさとしては，給付額が全加入者期間の給与に比例して定められている場合（いわゆるポイント制を含む）では最も影響が小さく，給付額が退職時給与に比例して定められている場合は影響が大きくなる．これは，直近1年間の昇給が予定通りでなかった場合に将来の掛金収入見込額への影響に比べて給付支払見込額に与える影響度が相対的に大きいためである．例えば，ポイント制の場合，直近1年間の昇給差は将来のポイント累計には影響するが過去のポイント累計には影響を与えないため，給付額が退職時給与に比例する制度と比べて給付現価への影響が限定的となり，掛金への影響は小さくなる．

5) 新規加入者差損益

開放基金方式や開放型総合保険料方式の場合，掛金算定時に将来加入者を見込んでいるため，新規加入者の人数・給与実績が予定と異なる場合，損益が発生する．

実際に年度中に加入した者の人数や給与が予定より多く，かつ加入年齢が予定より低いときは剰余の要因となる．ただし，新規加入者の人数が予定より多くても，平均加入年齢が予定より高いときは不足の要因となることが多い．なお，新規加入者の人数が予定より少ない場合は，給与の水準にもよるが，不足の要因となることが多い．

7.7　財政悪化リスク相当額導入後の財政検証（継続基準）

リスク対応掛金の拠出が可能となったことにより，あらかじめ給付に必要な額以上の財源を手当てすることが可能となった．この財源（積立金＋掛金収入現価：図表 7.14 の右側の図②＋③）の水準は景気変動等により常に変動することとなるが，財源が，給付現価と「給付現価と財政悪化リスク相当額の合計」の範囲内にある限りは「財政均衡」の状態にあるとすることで，掛金の額が景気循環の影響を受けにくい，安定的な財政運営が可能となった．

なお，この新しい財政均衡の考え方はリスク対応掛金の拠出の有無にかかわらずすべての確定給付企業年金制度に適用される．したがってリスク対応掛金を拠出しない年金制度も財政悪化リスク相当額を算定し，（新しい）財政均衡

図表 7.14　新しい財政均衡の考え方

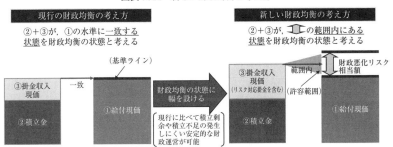

図表7.15 新しい財政均衡の考え方に基づく責任準備金の定義

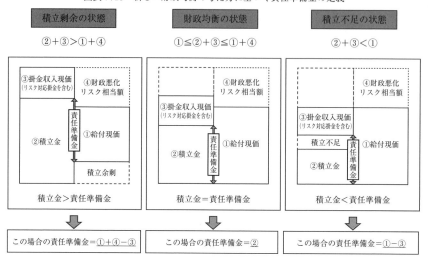

の状態であるかを検証することになった．

これに伴い，責任準備金の定義が変更となっている．イメージは図表7.15
のとおりである．

◆ 練 習 問 題 7 ◆

1．次のような年金制度があったとする．

     給付現価：13,000（うち受給者分が3,000）   給与現価：60,000

     給与総額：5,000   積立金：7,500

     標準掛金率：5.0%   特別掛金率：0.5%

     特別掛金の残余償却年数：5年

    このような年金制度が加入者についてのみ給付水準を一律に10%引
き下げる．計算基礎率の変更はないものとする．ここで，

(1)   制度変更直前における剰余・不足はいくらか．

(2)   特別掛金の償却年数を変更しない場合，制度変更後の新たな特別掛金
率はいくらになるか（千分位に切り上げ）．

(3)   新たな特別掛金率の水準が従前を上回らないためには，償却年数を何
年に延長すればよいか（年未満は切り上げ）．

なお，償却年数に対応する現価率は下表のとおりとする.

償却年数	現価率	償却年数	現価率
1	11.710	6	61.718
2	22.810	7	70.211
3	33.332	8	78.261
4	43.305	9	85.891
5	52.758	10	93.124

2. Trowbridge モデルにおいて，財政再計算により定年直前の脱退率が上がったとする．再計算前の脱退残存表を l_x^A，再計算後の脱退残存表を l_x^B とし，両者の関係は以下のとおりとする.

$$l_x^B = l_x^A \quad (15 \leqq x \leqq 58)$$
$$l_x^B = 0.5 \times l_x^A \quad (x \geqq 59)$$

この場合，再計算後の標準掛金率は再計算前の標準掛金率の 1/2 より大きくなることを示せ．ただし，そのほかの計算基礎率に変動はなく，財政方式は加入年齢方式を用いているものとする．また，最低加入年齢および予定新規加入年齢は 15 歳，定年年齢は 60 歳とする.

3. A社の確定給付企業年金制度の財政決算時の諸数値は以下のとおりである.

給付現価：10,000　　給与現価：65,000
給与総額：400　　　積立金：6,000
標準掛金率：5.0%　　特別掛金率：0.3%
特別掛金の残余償却年数：10 年
10 年償却に対応する現価率：90　　20 年償却に対する現価率：140
許容繰越不足金：標準掛金 20 年分の現価相当額の 15%

(1) 剰余金・不足金はいくらか．ただし，前年度からの繰越剰余・不足はないものとする.

(2) 継続基準の財政検証により掛金の見直しが強制されるかどうかを示せ.

8 退職給付会計

8.1 退職給付会計の概要

1) 日本における退職給付会計導入の背景

　日本で退職給付会計基準が導入されたのは 2000（平成 12）年 4 月である．それまでも，退職金や企業年金に関する費用や債務が企業会計上まったく考慮されていなかったわけではないが，バブル経済の崩壊後，資産運用環境の低迷による企業年金掛金の負担増加が目立ち始めるなかで，企業の財務諸表からは企業年金の掛金増加可能性が事前に予測できないことや，退職給付制度の種類によって会計処理が相違すること等が問題となった．加えて，企業活動の国際化に伴い財務諸表全般の比較可能性の向上が求められるなか，国際的な会計基準の趣旨を可能な限り日本の企業会計制度に取り込むという動きが強まった．これらの背景から，日本でも，退職給付会計基準が導入されたのである．

2) 退職給付会計基準の見直し動向

　国際会計基準審議会（IASB）と米国財務会計基準審議会（FASB）は，IFRS（国際財務報告基準）と米国会計基準のコンバージェンス（収れん）について 2002 年 10 月に合意した（ノーウォーク合意）．また，2007 年には，日本の企業会計基準委員会（ASBJ）が IASB と会計基準の全面共通化を合意し，2011 年 6 月までに日本基準と IFRS の違いを解消することで合意したことを正式発表した（東京合意）．このように，会計基準の国際的共通化が図られつつあり，退職給付会計基準についても見直される見込みとなっている．

　まず，IFRS では，退職給付会計に関する会計基準を規定する IAS19 号（従業員給付）について，抜本的見直しの方向性を世に問うディスカッションペー

パーが IASB から公表された．また，その一部については，2011 年 6 月に改正
基準が公表され，2013 年 1 月以降に適用されることとなった．

　一方，日本では，現行の IAS19 号への準拠と，新たに提案された IAS19 号
の改定に対応することの両方を意図した検討が行われ，2010 年 3 月に公開草
案（以下「公開草案」）が出され，正式に改正が提案された．そして，2012 年
5 月には「退職給付に関する会計基準」と「退職給付に関する会計基準の適用
指針」（以下「改正基準等」）が公表された．

　なお，今回の公開草案は「ステップ 1」とされており，今回検討対象外とさ
れた事項については将来検討されることとされた．

3) 日本の退職給付会計基準の特徴

　日本の退職給付会計基準の特徴として，次のような点が挙げられる．

　ⅰ）数理計算による債務評価の採用　　退職給付は，将来従業員が退職して
初めて給付が行われるため，その金額や支払い時期は不確実である．そこで，
退職給付制度にかかる債務（以下「退職給付債務」）の計算においては，給付
の時期や金額を計算基礎を用いて予測し，現時点まで割引率で割引評価を行う
といった，より合理的に見積もりを行う仕組みが採用されている．

　したがって，退職給付債務の計算では，企業の退職給付制度の設計内容を反
映し，かつ，企業の従業員の退職動向や給与水準等を一定の前提で予測し，そ
れらを基に将来支払う退職給付の額を予測して，それを現在価値に割り引くと
いう，年金数理計算の手続きが行われるわけである．

　ⅱ）すべての退職給付制度について共通の方式を適用　　退職給付会計基準
が導入される前は，企業年金制度に関する積立不足は企業の財務諸表上は特に
認識されていない場合が多く，仮に積立不足があっても，企業負担が今後どの
程度増加しうるかを企業の財務諸表上で読み取ることが困難となっていた．

　退職給付会計基準では，企業年金の積立状況についても企業の財務諸表で認
識されることになり，かつ，基本的にすべての退職給付制度について債務や費
用を同じ基準で評価することとなった．これにより，退職給付制度に関する支
払債務の状況が共通の方法で評価されて財務諸表に表示されることになり，企
業間の財務状況の比較が容易になった．

　なお，後述するように，掛金があらかじめ決められていて追加負担が生じない掛金建ての制度については対象外とされている．

　iii) 発生主義による評価　　退職給付会計基準では，退職時の支払い見込み額全額を債務とするのではなく，そのうち現時点までに発生していると認められる額を既発生債務として認識する方式がとられている．そして，1年間の勤務によって生じる退職給付債務の増加分等をその年度の費用として認識していく．

　iv) 債務と資産の差額を企業の負債に計上　　退職給付債務および年金資産のそれぞれの総額を企業のバランスシート上に載せるのではなく，両者の差額を計算し，その金額を企業のバランスシート上の資産または負債として計上する方式が採用されている．この差額の取り扱いは，2012年5月に公表された改正基準等では，以下のとおり複雑になっている．

　　ア) 企業の個別財務諸表においては，退職給付債務と年金資産の差額から，「未認識差異」の額を除いた額を計算し，企業のバランスシートに資産または負債として計上する．「未認識差異」については，発生要因別に区分した上で一定年数にわたって徐々に企業の資産または負債に計上する（「未認識差異」の詳細については後述する）．

　　イ) 企業の連結財務諸表においては，退職給付債務と年金資産の差額をすべて，企業のバランスシートに資産または負債として計上する．

4) 対象となる制度

　i) 制度による相違　　原則として，企業が給付の支払義務を有する給付建ての退職給付制度はすべて対象となる．ただし，退職時に給付が行われる制度であっても，掛金を拠出した時点で支払い額が確定し，企業に追加負担の可能性がない制度は，退職給付債務の算定対象とはならない．

　一般的な退職給付制度について退職給付債務の算定対象となるかどうかを整理すると図表8.1のとおりとなる．

　なお，総合型厚生年金基金のように，複数事業主から構成される制度で，個々の事業主の年金資産の持ち分が合理的に算定できない場合は，「対象とならない制度」に分類される．

図表 8.1 退職給付債務の算定対象制度

対象となる制度	対象とならない制度
・厚生年金基金制度 ・確定給付企業年金制度 ・退職一時金制度	・確定拠出年金制度 ・中小企業退職金共済制度

ⅱ）企業規模等による相違　　本章で述べる退職給付債務の計算は，複雑な年金数理計算に基づくもので，「原則法」という．ただし，従業員数が比較的少ない小規模企業等にあっては，高い信頼性をもって数理計算上の見積もりを行うことが困難な場合が考えられることから，「簡便法」を採用することができる．簡便法を採用する企業は，「自己都合要支給額」や「企業年金制度における責任準備金」等を退職給付債務として用いることができる．

簡便法を適用できる小規模企業等とは，原則として従業員数 300 人未満の企業をいう．ただし，従業員数が 300 人以上であっても年齢や勤務期間に偏りがあること等の理由から原則法の計算に一定の高い水準の信頼性が得られないと判断される場合は，簡便法を用いることができる．

8.2 退職給付会計と年金財政の相違点

退職給付債務の計算は，年金財政運営上の給付債務である数理債務の計算と同様に年金数理計算を用いるが，両者には図表 8.2 のような考え方の相違があることに留意する必要がある．

8.3 退職給付債務の計算

1）退職給付債務の評価方法

ⅰ）退職給付債務の定義　　「退職給付に関する会計基準」では，退職給付債務の計算について，以下のとおり規定している．

- 退職給付債務は，退職により見込まれる退職給付の総額（以下「退職給付見込額」という）のうち，期末までに発生していると認められる額を割り引いて計算する．

図表 8.2 退職給付会計と年金財政の相違

	退職給付会計	年金財政（継続基準）
目 的	企業が負っている退職給付の支給義務を開示する	将来支払うべき年金の原資を平準的に事前積立する
債務の評価基準	発生給付評価方式 （現時点までに発生していると認められる給付を基準に債務を評価）	予測給付評価方式 （将来の給付を予測する一方，今後の掛金収入現価を債務から控除）
費用の認識	当期発生分をそのつど認識 （平準的でない）	退職までの期間で平準的に認識
基礎率の設定	最善の見積もり	やや保守的 企業の意向を反映可能（予定利率等）

- 退職給付見込額は，予想退職時期ごとに，従業員に支給されると見込まれる退職給付額に退職率および死亡率を加味して見積もる．
- 退職給付見込額は，合理的に見込まれる退職給付の変動要因を考慮して見積もる．退職給付見込額の見積もりにおいて合理的に見込まれる退職給付の変動要因には，予想される昇給等が含まれる．また，臨時に支給される退職給付等であってあらかじめ予測できないものは，退職給付見込額に含まれない．

ここで，「退職給付見込額のうち期末までに発生したと認められる額」は，次のいずれかの方法を選択適用して計算することとされている．

(1) 退職給付見込額について全勤務期間で除した額を各期の発生額とする方法（期間定額基準）

(2) 退職給付制度の給付算定式に従って各勤務期間に帰属させた給付に基づき見積もった額を，退職給付見込額の各期の発生額とする方法（給付算定式基準）

※給付算定式基準による場合，勤務期間の後期における給付算定式に従った給付が，初期よりも著しく高い水準となるときには，当該期間の給付が均等に生じるとみなして補正（均等補正）した給付算定式に従わなければならない．

また，「期末までに発生していると認められる額を割り引いて計算する」際の割引率については，「退職給付に関する会計基準の適用指針」に以下の内容

が記載されている.

- 割引率は,退職給付支払ごとの支払見込期間を反映するものでなければならない.
- 当該割引率としては,例えば,退職給付の支払見込期間および支払見込期間ごとの金額を反映した単一の加重平均割引率を使用する方法や,退職給付の支払見込期間ごとに設定された複数の割引率を使用する方法が含まれる.

ii) 退職給付債務の計算式(期間定額基準の場合)   退職給付制度として退職時に(退職時給与×給付乗率)の退職一時金を支払うものを考える. t 年勤務して退職する場合に適用される給付乗率を α_t, f 年後の予想給与を b_f とおく.

このとき,現在年齢 x 歳,現在までの勤務期間 p 年の従業員があと f 年勤務して退職する場合に支払われる金額は $b_f \cdot \alpha_{p+f}$ である.

$K_p(f)$:「f 年後に退職した場合の退職給付見込額のうち,期末までに発生していると認められる額」は,現在年齢 x 歳の者の f 年後から $f+1$ 年後までの退職確率を $_{f|}q_x$ とすると,

$$K_p(f) = (b_f \cdot \alpha_{p+f} \cdot {}_{f|}q_x) \cdot \frac{p}{p+f}$$

とかかれる.退職給付見込額を,全勤務期間で除して現在までの勤務期間を乗じたものとなっていることがわかる.

したがって,割引率を全期間一律に i とした場合,退職給付債務は

$$退職給付債務 = \sum_f K_p(f) \cdot \frac{1}{(1+i)^f}$$

となる.

iii) 退職給付債務の計算(給付算定式基準の場合)   退職給付制度として ii) と同様のものを考えることとする.このとき現在年齢 x 歳,現在までの勤務期間 p 年の従業員があと f 年勤務して退職する場合の $B_p(f)$:「現在までの期間に帰属させる給付」は

$$B_p(f) = b_f \cdot [\alpha_t]_{t=p}$$

とかかれる.ここに $[\ \ ]_t$ は勤務期間 t 年の場合に帰属させる給付を指し, α_t

について均等補正を行わないとすれば $[\alpha_t]_{t=p}=\alpha_p$ となろう.

　この場合, 割引率を全期間一律に i とすると, 退職給付債務は

$$\text{退職給付債務}=\sum_f B_p(f)\cdot{}_{f|}q_x\cdot\frac{1}{(1+i)^f}$$

となる.

　また, この式は次のように変形できる.

$$\text{退職給付債務}=\sum_f K'_p(f)\cdot\frac{1}{(1+i)^f}$$

ただし,

$$K'_p(f)=(b_f\cdot\alpha_{p+f}\cdot{}_{f|}q_x)\cdot\frac{\alpha_p}{\alpha_{p+f}}$$

期間定額基準で勤務期間の比で表されている部分が, 給付算定式基準では給付乗率の比に置き換えられていることがわかる.

　なお, 退職給付の支払が将来の一定期間までの勤務を条件としている場合がある. このとき現在年齢 x 歳, 現在までの勤務期間 p 年の従業員があと f 年勤務して退職する場合に支払われる金額は $b_f\cdot\alpha_{p+f}\cdot v_{p+f}$ と表すことができる (ここに一定期間を T として $v_t=1(t\geq T)$, $v_t=0(t<T)$ である).

　このような場合, $B_p(f)=b_f\cdot[\alpha_t]_{t=p}$ は上記と同様であって

$$\text{退職給付債務}=\sum_f B_p(f)\cdot v_{p+f}\cdot{}_{f|}q_x\cdot\frac{1}{(1+i)^f}$$

となる. すなわち, 給付の支払に必要となる将来の勤務を提供しない可能性は, 期間帰属に反映させるのではなく, 退職給付債務の計算に反映する.

　iv) 退職給付債務の計算例　　以下のような条件に基づいて, 具体的な計算例を示す.

〔前提条件〕

・加入者:　　現在年齢 57 歳, 現在までの勤務期間 4 年, 給与 350,000 円の加入者について退職給付債務を計算する.

・制度内容:　　退職時に (退職時給与×支給乗率) の退職一時金を支払う. 支給乗率は勤続年数 2 年まで 0, 3 年:2, 4 年:4, 以下勤続年数が 1 年増加するごとに 2 ずつ増加する.

・計算基礎:　　割引率は全期間一律 ($i=$) 3% とする. また他の計算基礎と

して以下を用いる.

図表 8.3

年齢	退職確率	予想給与
57 歳		350,000 円
58 歳	0.20	360,000 円
59 歳	0.15	370,000 円
60 歳	0.65	380,000 円

期間定額基準による計算は以下のとおりであり，退職給付債務は 1,906,199 円と求められる.

図表 8.4

①	②	③	④	⑤	⑥		⑧	⑨	⑩	⑪	⑫
経過年数	予想退職年齢	全勤務期間	現在の勤務期間	予想給与	支給乗率		退職確率	退職給付見込額	期末までに発生していると認められる額	割引係数	退職給付債務
f	$x+f$	$p+f$	p	b_f	α_{p+f}		$_{f\|}q_x$	⑤×⑥×⑧	$K_p(f)$ ⑨×④／③	$1/(1+i)^f$	$\sum$(⑩×⑪)
	57	4	4	350,000	4						
1	58	5	4	360,000	6		0.20	432,000	345,600	0.971	335,534
2	59	6	4	370,000	8		0.15	444,000	296,000	0.943	279,008
3	60	7	4	380,000	10		0.65	2,470,000	1,411,429	0.915	1,291,657
											1,906,199

一方，給付算定式基準による計算は図表 8.5 のとおりであり，退職給付債務は 1,393,028 円である. なお均等補正は行っていない.

2) 計算基礎

退職給付債務を計算する際には以下のような計算基礎が用いられる.

i) 割引率 割引率は，安全性の高い債券（国債，政府機関債および優良社債）の利回りを基礎として定めることとされている.

ii) 退職率 退職率は，在職従業員が生存退職する確率を年齢ごとに見積もったものであり，異常値を除いた過去の実績に基づいて合理的に算出する.

実務的には，企業年金制度で用いられている脱退率と同様の手法で算定する

図表 8.5

①	②	③	④	⑤	⑦	⑧	⑩	⑪	⑫
経過年数	予想退職年齢	全勤務期間	現在の勤務期間	予想給与	期間帰属された支給乗率	退職確率	期末までに発生していると認められる額	割引係数	退職給付債務
f	$x+f$	$p+f$	p	b_f	$[\alpha_t]_{t=p}$	$_f q_x$	$B_p(f)\cdot {}_f q_x$ ⑤×⑦×⑧	$1/(1+i)^f$	$\sum(⑩×⑪)$
	57	4	4	350,000	4				
1	58	5	4	360,000	4	0.20	288,000	0.971	279,612
2	59	6	4	370,000	4	0.15	222,000	0.943	209,256
3	60	7	4	380,000	4	0.65	988,000	0.915	904,160
									1,393,028

ことが多い．企業年金の掛金計算においては年金財政の健全性維持を重視するため脱退率の安全割掛けを行うことがあるが，退職給付会計においてこれを行うことは，当該企業の財政状態を適正に表示することが目的であることから考えると必ずしも適切とはいえない．

　iii) 予想昇給率　　予想昇給率は，個別企業における給与規程，平均給与の実態分布および過去の昇給実績等に基づき，合理的に推定して算定する．

　なお，過去の昇給実績は，過去の実績に含まれる異常値（急激な業績拡大に伴う大幅な給与加算額，急激なインフレによる給与テーブルの改訂等に基づく値）を除き，合理的な要因のみを用いる必要がある．

　実務的には，企業年金制度で用いられている昇給率と同様の手法で算定することが多い．ただし，企業年金制度の昇給率ではベースアップ等を見込むことは必須とはされていないのに対し，会計基準においては「予想される昇給等を考慮する」こととされており，ベースアップ等の反映を検討する必要があることに注意が必要である．

　iv) 死亡率　　死亡率は，在職従業員が死亡退職する確率もしくは年金受給者が死亡する確率で，年齢ごとの発生率で表される．この死亡率は，事業主の所在国における全人口の生命統計表等を基に合理的に算定することとされている．

　v) 一時金選択率　　一時金選択率は，年金受給資格を得て退職した場合に

一時金での受け取りを選択できる制度において，一時金を選択する退職者の割合を表す．人数ベースではなく金額ベースで算定することもある．年金が終身年金である場合や，年金給付利率（退職金等の給付原資を年金として分割払いする際に付利する利率）が退職給付債務算定上の割引率より大きい場合は，年金を選択したほうが給付のための原資が多く見積もられるため，一時金選択率が低いほど退職給付債務の額は大きくなる．

　一時金選択率は，当該企業における過去の一時金選択者の実績を踏まえて決定する．

8.4　退職給付費用の計算

1）退職給付費用の基本構成

　退職給付費用は，以下の計算式で求められる．

　退職給付費用＝勤務費用＋利息費用－期待運用収益＋未認識差異償却費用

　このうち，「勤務費用＋利息費用－期待運用収益」は，一定の前提条件に基づいて見積もられる費用であり，「未認識差異償却費用」は，債務や資産の見積もりの前提と現実とが乖離することによって生じる誤差を処理する部分である．

2）退職給付費用の各要素

　退職給付費用は以下の要素から構成される．

　i）勤務費用　　退職給付債務は，将来の退職給付のうち現時点までの勤務によって発生したと認められる額であり，勤務年数が長くなるにつれて増加する．このような退職給付債務の増加にかかる費用が「勤務費用」である．

　8.3節第1項iiで，期間定額基準の場合，$K_p(f)$：「f年後に退職した場合の退職給付見込額のうち，期末までに発生していると認められる額」は，

$$K_p(f) = (b_f \cdot \alpha_{p+f} \cdot {}_{f|}q_x) \cdot \frac{p}{p+f}$$

とかかれることを述べたが，$K_c(f)$：「f年後に退職した場合の退職給付見込額

のうち，翌期に発生すると認められる額」は同様の記号を用いて，

$$K_c(f) = (b_f \cdot \alpha_{p+f} \cdot {}_{f|}q_x) \cdot \frac{1}{p+f}$$

とかかれる．このとき翌期の勤務費用は割引率を i として，

$$翌期の勤務費用 = \sum_f K_c(f) \cdot \frac{1}{(1+i)^{f-1}}$$

となる．翌期の勤務費用は当期末でなく翌期末で測定されるために，$(1+i)^f$ ではなく $(1+i)^{f-1}$ となっていることに留意が必要である．

　同様に給付算定式基準の場合，$B_p(f)$：「現在までの期間に帰属させる給付」は

$$B_p(f) = b_f \cdot [\alpha_t]_{t=p}$$

に対し，$B_c(f)$：「翌期に帰属させる給付」は，

$$B_c(f) = b_f \cdot ([\alpha_t]_{t=p+1} - [\alpha_t]_{t=p})$$

であって，翌期の勤務費用は割引率を i として，

$$翌期の勤務費用 = \sum_f B_c(f) \cdot {}_{f|}q_x \cdot \frac{1}{(1+i)^{f-1}}$$

である．

ii）利息費用　　退職給付債務は将来時点の給付見込額を現時点まで割り引き評価した額であるため，時間が経過すると給付時期までの年数が短くなるために債務の額も大きくなると考えられる．このような債務の増加に相当する費用が「利息費用」であり，期首の退職給付債務に対して割引率を乗じて次のように計算する．ただし，期中に退職給付債務の重要な変動があった場合は，これを反映させる．

利息費用＝期首の退職給付債務×割引率

iii）期待運用収益　　年金資産は市場で運用されているため，一定の運用収益を期待することができる．そして運用収益が生じれば，その分だけ企業が負担する費用が小さくてすむことになる．このように，当年度に発生する運用収益の見込額をあらかじめ退職給付費用の減少要素として見込んだものが「期待運用収益」である．

　期待運用収益の計算には，前提条件として「長期期待運用収益率」を用い，

以下のように計算する．ただし，期中に年金資産の重要な変動があった場合は，これを反映させる．

$$期待運用収益＝期首の年金資産残高×長期期待運用収益率$$

長期期待運用収益率は，年金資産が退職給付の支払に充てられるまでの時期，保有している年金資産のポートフォリオ，過去の運用実績，運用方針および市場の動向等を考慮して決定することとされている．

iv）未認識差異の償却費用　退職給付債務と年金資産の差額は一定期間内に分割して費用処理しなければならないが，その償却費用はさらに以下の3つに分けられる．

① 会計基準変更時差異の償却費用：　2000（平成12）年に退職給付会計基準が導入された際に生じた「会計基準変更時差異」についての償却費用である．会計基準変更時差異は具体的には以下の算式で計算される．

$$会計基準変更時差異＝会計基準変更時点の退職給付債務$$
$$－会計基準変更時点の年金資産$$
$$－会計基準変更時点の退職給付引当金残高$$

会計基準変更時差異は，15年以内の期間で均等に分割して費用処理することとされている．

② 過去勤務費用の償却費用：　退職給付制度の給付水準等を変更すると，退職給付債務が増減することになるが，この増加または減少部分を「過去勤務費用」という．すなわち，

$$過去勤務費用＝制度変更後の退職給付債務－制度変更前の退職給付債務$$

である．

この過去勤務費用は，発生時点から償却を開始し，当該企業の従業員の平均残存勤務年数以内で企業が定めた年数で償却することとされている．

③ 数理計算上の差異の償却費用：　前述のとおり，退職給付債務はさまざまな前提条件の基で将来の退職給付額を予測して計算されるため，現実の推移が当初の前提条件と乖離することで誤差が生じる．また，企業年金における財政再計算と同様に，債務計算の前提条件である計算基礎を変更した場合にも，退職給付債務の額が変動するため誤差を生じる．一方，年金資産の実際の運用収益が長期期待運用収益率と相違すれば，資産額についても当初の予定との乖

離が発生することになる．このようにして生じた資産と負債の差額を「数理計算上の差異」という．

　数理計算上の差異の発生要因は退職給付債務の変動に起因するものと年金資産の変動に起因するものとに分けられるが，それぞれの額は次のように求められる．

　（ア）退職給付債務から発生する数理計算上の差異：　以下の2つの数値の差額である．

　　　当年度末退職給付債務（予定）＝前年度末退職給付債務
　　　　　　　　　　　　　　　　　　＋勤務費用＋利息費用－予定給付額
　　　当年度末退職給付債務（実際）
　　　　＝当年度末の実際の従業員等に基づいて再計算した額

　（イ）年金資産から発生する数理計算上の差異：　以下の2つの数値の差額である．

　　　　　当年度の予定運用収益＝前年度末年金資産額×長期期待運用収益率
　　　　　当年度の実績運用収益＝実績運用収益額

　数理計算上の差異は，発生年度もしくはその翌年度から償却を開始し，発生年度別に，当該企業の従業員の平均残存勤務年数以内で企業が定めた年数で償却することとされている．

8.5　退職給付会計の推移のイメージ

　8.3節　退職給付債務の計算，8.4節　退職給付費用の計算，で説明した事項をまとめると，企業の個別財務諸表における退職給付会計の推移は図表8.6のように例示される．

8.6　企業における退職給付会計の注記

　企業の財務諸表においては，貸借対照表や損益計算書といった財務諸表本文に記載された数値の補足説明のため，会計方針や，決算日以降財務諸表の公表日までに発生した事象（後発事象）等に関する「注記」を付すこととされている．退職給付会計についても，所定の注記を行うこととなっており，採用して

図表 8.6 退職給付会計の推移(例)

(ⅰ)期初の積立状況(20X0 年 4 月)

年金資産 80	
---	退職給付債務
退職給付引当金 70	200
数理計算上の差異 50	

・割引率=3%
・長期期待運用収益率=2.5%
・数理計算上の差異の償却年数=5 年

(ⅱ)期中の退職給付費用(20X0 年 4 月~20X1 年 3 月)

勤務費用 10	退職給付費用
利息費用 6	24
数理計算上の 差異の償却費用 10	期待運用収益 2

・利息費用=200×3%
・期待運用収益=80×2.5%
・数理計算上の差異の償却費用=50÷5 年

(ⅲ)期中の退職給付引当金繰入額(20X0 年 4 月~20X1 年 3 月)

年金掛金 11	退職給付費用
引当金繰入額 13	24

発生主義で認識した退職給付費用を引当金に繰り入れ,実際に現金で支払った掛金や退職金の額を引当金から取り崩す

(ⅳ)期末の積立状況(20X1 年 3 月)

年金資産 65	
---	退職給付債務
退職給付引当金 83	215
数理計算上の差異 67	

・年金資産が目減り
・退職給付引当金は上記繰入額が加算
・数理計算上の差異は当期償却分を控除

年金資産の目減り等により,
新たな数理計算上の差異が発生
→ 当期発生分は翌期より償却

いる退職給付制度の概要や，退職給付債務の算定基礎等を説明することとされている．

　現実の企業の有価証券報告書では，退職給付会計の状況が詳細に開示されているので，参照されたい．2014年3月期以降は，次のような項目を企業の財務諸表に注記することとされており，財務諸表の有用性を高めることを目的として，退職給付債務や年金資産の額の変動した理由や今後の変動の可能性といった情報を，財務諸表の利用者に対してより多く開示することが求められている．

（1）　退職給付の会計処理基準に関する事項

（2）　企業の採用する退職給付制度の概要

（3）　退職給付債務の期首残高と期末残高の調整表

（4）　年金資産の期首残高と期末残高の調整表

（5）　退職給付債務および年金資産と貸借対照表に計上された退職給付に係る負債および資産の調整表

（6）　退職給付に関連する損益

（7）　その他の包括利益に計上された数理計算上の差異および過去勤務費用の内訳

（8）　貸借対照表のその他の包括利益累計額に計上された未認識数理計算上の差異および未認識過去勤務費用の内訳

（9）　年金資産に関する事項（年金資産の主な内訳を含む．）

（10）　数理計算上の計算基礎に関する事項

（11）　その他の退職給付に関する事項

◆ 練 習 問 題 8 ◆

1．以下の条件で，退職給付債務および翌期の勤務費用を計算せよ．

　　○現在57歳，勤続10年，給与30万円の加入者について計算する．

　　○制度内容

　　　退職事由によらず，退職時に（退職時給与×支給率）の退職一時金を支払う．支給率は下表のとおりとする．

　　○計算基礎

　　　・割引率は一律2.5％とする．

- 退職率と予想給与は下表のとおりとする．死亡退職はないものとする．
- 退職は年度末に起こるものとする．
- 期末時点で期末の債務を見積もる．
- 期間定額基準を採用しているものとする．

年　齢	勤　続	退職確率	予想給与	支給率
57 歳	10 年	＊＊＊	30 万円	10
58 歳	11 年	0.10	32 万円	12
59 歳	12 年	0.15	34 万円	14
60 歳	13 年	0.75	36 万円	20

2. 問題 1. において，退職確率が以下のように変わった場合の退職給付債務を計算し，1. の計算結果との相違について述べよ．

年　齢	勤　続	退職確率
57 歳	10 年	＊＊＊
58 歳	11 年	0.35
59 歳	12 年	0.30
60 歳	13 年	0.35

9 年金資産運用と年金数理

年金数理は，年金資産運用において重要な資産配分決定のための年金ALMの負債評価等に活用されている．本章では，企業年金の資産運用，その基礎となるポートフォリオ理論を概観しつつ，年金ALMおよび負債評価との関連性を解説する．

9.1 企業年金の資産運用と年金ALM

本節第1項の「ポートフォリオ理論の基礎」では，投資理論になじみのない読者が予備知識として把握しておくことが望ましいと思われる最低限の解説を行うこととする（すでに，投資理論の基礎を習得済みの読者は，第2項の「企業年金の資産運用」から開始しても全体の流れを把握するのに差し支えない）．

1) ポートフォリオ理論の基礎

i）リターンとリスク　投資対象には株式や債券といった有価証券をはじめ非常に多くの種類がある．その中からある投資対象に投資をする判断を行うためには，さまざまな情報が必要となる．例えば，A社の株に投資を行うとすれば，A社の株価が将来値上がりして収益を得られるかどうかを判断するため，種々の情報（企業のビジネスの特徴や成長性・安定性等，株価，財務情報，信用リスク，流動性リスク，法律等）が必要と考えられる．

ここで，例えばA社の株に投資するかどうかを判断するとき，投資家はA社の株価の推移データについてどのような検討を行うか考えてみよう．

例えば，図表9.1のような株価の推移グラフ（4本値チャート：4本値は「始値，高値，安値，終値」）をみて株価が割高か割安かを判断して投資する手

図表 9.1 A社の株価推移（月次）

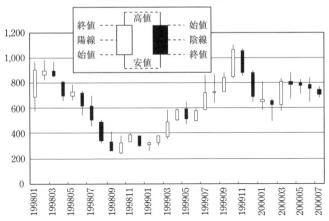

図表 9.2 A社株価の月次リターンの推移

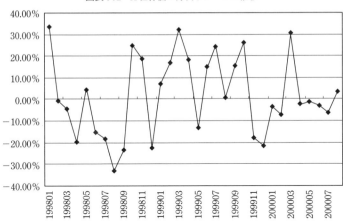

法もある．これは，このグラフから株価のトレンドを分析して今後の株価の方
向感を把握しようという手法である．

　しかしながら，ポートフォリオ理論などの投資理論においては，株価そのも
のの推移を利用するよりも，次の式で計算されるリターン（収益率）を利用す
ることのほうが多い（図表9.2）．

$$R_t = \frac{P_t - P_{t-1}}{P_{t-1}}$$

ただし，P_t：t 期の株価

　　　R_t：t 期のリターン（収益率）

　ここで，株価とリターンの分布を大まかに調べるために，グラフ（ヒストグラム）を描いてみることとする．図表9.3 は，株価の分布について，図表9.4 は株式のリターン（収益率）について，それぞれの観測データの発生度数についてヒストグラム（データを区間別に分けて，その各区間に入るデータを累計して棒グラフにしたもの．棒グラフの高さは当該区間のデータの発生頻度を表す）をとったものである．これら2つのグラフをみると，図表9.3（株価のヒストグラム）よりも図表9.4（リターンのヒストグラム）のほうが釣鐘型の形状となっており，正規分布に近いといえる．

　このように日次はともかく月次や年次リターンの分布はほぼ正規分布で近似できること，さらにリターンを確率変数として定義した場合に，そのリターンが正規分布に従っていると仮定すればその後の理論展開が容易になることもあり，投資理論では，リターンが正規分布に従うものとして収益率のモデル化を行っている．

　なお，現実のリターンが正規分布に従っているかどうか，あるいは正規分布に従っていない場合にどのようにモデル化すればよいかについては，引き続きさまざまな研究がなされているところである．

　さて，図表9.2 のリターンの推移を再びみてみると「ある水準を中心に上下に振れている」ことがわかる．そして，当該観測データの平均値と標準偏差を求めたところ，観測されたリターンの平均値1.82% で，標準偏差18.74% で

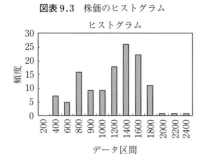

図表9.3　株価のヒストグラム

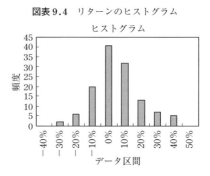

図表9.4　リターンのヒストグラム

あったとする．ここで，当該株式のリターンの分布が正規分布に従うと仮定すると，このリターンは「平均 1.82％，標準偏差 18.74％ の正規分布に従う」と仮定することができる．

このようにして得られた平均と標準偏差から，A 社株式のリターンの特性をより具体的に把握することができるわけである．また，こうした把握をさまざまな投資対象資産について行えば，各資産の運用収益率の特性を具体的な数値で比較検討することが可能になる．

ところで，正規分布に従う確率変数は，「平均±標準偏差」に収まる確率が68％（ほぼ 2/3 の割合）であることが知られている．前述の例で，$\tilde{R}$ をリターンとして発生確率が 2/3 程度になる範囲を求めると，次のとおりとなる．

$$平均 - 標準偏差 \leqq \tilde{R} \leqq 平均 + 標準偏差$$
$$\Rightarrow 1.82\% - 18.74\% \leqq \tilde{R} \leqq 1.82\% + 18.74\%$$
$$\Rightarrow -16.92\% \leqq \tilde{R} \leqq 20.56\%$$

したがって，この例では，「収益率が，マイナス 16.92％ から 20.56％ の間に入る可能性が 68％ ぐらいである」ということになる．

また同様に「平均±2×標準偏差」に収まる確率は 95％ となるので，「この区間を外れるようなリターンが発生する確率は非常に低い（発生するとしても5％ の可能性）」ということになる．

なお，一般に投資理論においては，この標準偏差のことを「リスク」と呼ぶこともある．「リスク」という言葉の語感からはマイナスリターンのみを指す

図表 9.5 リターンの分布（正規分布）

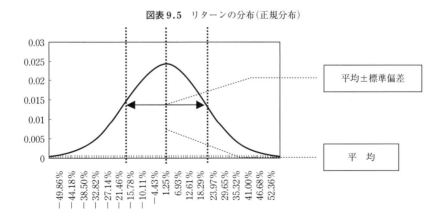

ように思われるが，プラスのリターンもマイナスのリターンも平均からのブレはすべて「リスク」と呼ばれる.

ⅱ）ポートフォリオのリターン　　ここでは，複数の証券（資産）の組み合わせであるポートフォリオのリターンについて説明する.

① 2つの証券からなるポートフォリオの場合：　2つの証券で構成されるポートフォリオのリターンは，各証券のリターンを各資産への投資比率で加重平均することで求められる.

〔各証券のリターンの加重平均〕

$$r_P = w_A r_A + w_B r_B$$

ただし，

　　　　r_P：ポートフォリオのリターン，r_A：証券Aのリターン，

　　　　r_B：証券Bのリターン，w_A：証券Aの投資比率，

　　　　w_B：証券Bの投資比率，$w_A + w_B = 1$（100％投資）

② n個の証券からなるポートフォリオの場合：　n個の証券で構成されるポートフォリオのリターンについても，各証券のリターンを各資産への投資比率で加重平均することで求められる.

〔n個の証券のリターンの加重平均〕

$$r_P = \sum_{i=1}^{n} w_i r_i$$

ただし，

　　　　　r_i：証券iのリターン

　　　　　w_i：証券iの投資比率

〔例1〕　3月末に全資金の70％をA社株に，残りの30％をB社株に投資したとして，この2銘柄からなるポートフォリオの1ヶ月間のリターンを求めよ．ただし，3月末から4月末までの1ヶ月間のA社株のリターンは4.1％，B社株のリターンは19.6％であった.

$r_P = 0.7 \times 0.041 + 0.3 \times 0.196$
　　$= 0.0875$　　　　→　　┊ ポートフォリオのリターン：8.75％ ┊

ⅲ）ポートフォリオのリスク　　ⅱ）では，ポートフォリオのリターンを求

めたが，ここでは，ポートフォリオのリスク（標準偏差）を求めてみよう.

① 2つの証券からなるポートフォリオの場合： ポートフォリオのリスク（標準偏差）は，次の式で求めることができる.

$$\sigma_P^2 = E[\{r_P - E(r_P)\}^2]$$
$$= E[\{w_A r_A + w_B r_B - w_A E(r_A) - w_B E(r_B)\}^2]$$
$$= E[\{w_A(r_A - E(r_A)) + w_B(r_B - E(r_B))\}^2]$$
$$= E[w_A^2(r_A - E(r_A))^2 + w_B^2(r_B - E(r_B))^2$$
$$\quad + 2w_A w_B(r_A - E(r_A))(r_B - E(r_B))]$$
$$= w_A^2 E[(r_A - E(r_A))^2] + w_B^2 E[(r_B - E(r_B))^2]$$
$$\quad + 2w_A w_B E[(r_A - E(r_A))(r_B - E(r_B))]$$
$$= w_A^2 \sigma_A^2 + w_B^2 \sigma_B^2 + 2w_A w_B \sigma_{AB}$$
$$= w_A^2 \sigma_A^2 + w_B^2 \sigma_B^2 + 2w_A w_B \rho_{AB} \sigma_A \sigma_B$$

ただし，

$$\sigma_P^2 : ポートフォリオの分散$$
$$\sigma_{AB} : 証券 A と証券 B の共分散$$
$$\rho_{AB} : 証券 A と証券 B の相関係数$$

なお，共分散と相関係数の間には次の式が成り立つ.

$$\rho_{AB} = \frac{\sigma_{AB}}{\sigma_A \sigma_B}$$

上式では，ポートフォリオの分散を求めたが，分散の平方根をとることで，リスク（標準偏差）を求めることができる.

〔例2〕 次に示すA社株とB社株の標準偏差と相関係数の値を利用し，2証券からなるポートフォリオのリスクを求めなさい.

	ウェイト	標準偏差
A 社株	60%	0.0634
B 社株	40%	0.0792
相関係数 0.1134		

$$\sigma_A^2 = 0.0634^2 \approx 0.004$$
$$\sigma_B^2 = 0.0792^2 \approx 0.0063$$
$$\sigma_{AB} = \rho_{AB}\sigma_A\sigma_B = 0.1134 \times 0.0634 \times 0.0792 \approx 0.0006$$

$$\sigma_P^2 = 0.6^2 \times 0.004 + 0.4^2 \times 0.0063 + 2 \times 0.4 \times 0.6 \times 0.0006 \approx 0.0027$$

$$\sigma_P \approx 0.0523$$

→ ┆ ポートフォリオのリスク：5.23％ ┆

　ここで興味深いのは，A社株のみやB社株のみに投資するよりも，A社とB社を組み合わせたポートフォリオのほうがリスクが小さくなっていることである．

　　　ポートフォリオのリスク5.25％＜A社株6.34％．B社株7.92％
このことは，「分散投資によるリスク低減効果」と呼ばれる．

iv）リスクの低減効果　　上記の例2では，ポートフォリオのリスクが，個々の証券のリスクより小さくなったが，ここでは，分散投資を行ったポートフォリオのリスクが相関係数の違いによりどのような値をとるかをみてみることとする．

　先程のポートフォリオのリスクを計算した数式

$$\sigma_P^2 = w_A^2 \sigma_A^2 + w_B^2 \sigma_B^2 + 2 w_A w_B \rho_{AB} \sigma_A \sigma_B$$

をみると，個々の証券のウェイトと標準偏差が所与であれば，分散投資によるリスク低減効果の大きさは，相関係数に依存することがわかる．

　この算式から，ポートフォリオ全体のリスクは，それぞれの証券が完全に連動しない限り（$\rho = 1$ とならない限り），それぞれの証券のリスクの加重平均値よりも小さくなるということがわかる（図表9.6，図表9.7）．

図表9.6　分散投資によるリスク低減効果

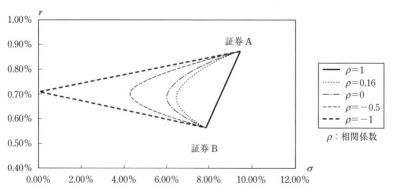

図表 9.7 ポートフォリオのリスク（特別なケース）

特別なケース

$\rho=+1$ の場合：$\sigma_P=w_A\sigma_A+w_B\sigma_B$ ⇨ 個々の証券のリスクの加重平均

$\rho=-1$ の場合：$\sigma_P=|w_A\sigma_A-w_B\sigma_B|$ ⇨ ウェイトの取り方によっては，リスクをゼロにすることもできる

v）効率的フロンティア　　上記では，複数の証券を組み合わせることでリスクを抑制することが可能であることをみてきた．

投資家の多くは，このようにリスクを抑制してなるべく高いリターンを得ることを望む．こうした行動特性をとる投資家は「リスク回避的な投資家」と呼ばれ，逆のタイプの投資家は「リスク愛好的な投資家」と呼ばれる．それでは，「リスク回避的な投資家」はどのようなポートフォリオを保有していれば，リスクを抑えより高いリターンを得ることができるのだろうか．

この問題を解いたのが，「マーコビッツ（Harry M. Markowitz）」であり，その理論が「ポートフォリオ理論」といわれている．ポートフォリオ理論では，投資家は各証券から将来得られると予想しているリターンの期待値（平均）とリスク（標準偏差）という2つの変数のみに基づいて，ポートフォリオを選択するだろうと仮定している．投資家は，各証券への投資比率を変えることで無数のポートフォリオを組成することができるので，各証券の予想リターンの期待値（以下，期待リターン），標準偏差，相関係数が与えられていれば，これらの無数のポートフォリオの期待リターンと標準偏差を求めることができる．そして，それらを縦軸に期待リターンをとり横軸に標準偏差をとった xy グラフ上にプロットすると，投資家が採用しうるすべてのポートフォリオのリスクリターンがプロットされることになる．

このようなポートフォリオのうち，リスク回避的な投資家は「一定のリスクに対しては最も大きい期待リターンとなるポートフォリオ」または「一定の期待リターンに対しては最も小さいリスクとなるポートフォリオ」を選択すると考えられる．このようなポートフォリオは，ある期待リターンの水準に対して

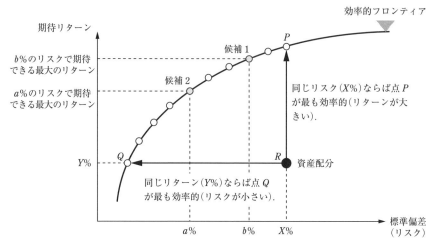

図表 9.8　効率的フロンティア

1つずつ（逆に，あるリスクの水準に対して1つずつ）決まるのであるが，こうしたポートフォリオの集合（2次元グラフ上の曲線）のことを「効率的フロンティア」と呼ぶ（図表9.8）.

vi) 効率的フロンティアの導出　　効率的フロンティアを導出する場合，次の2次計画法を利用する方法が一般的である.

〔2次計画法（最適化法）〕

$$最小化目的：\sigma_P^2 = \sum_{i=1}^{n} \sum_{j=1}^{n} w_i w_j \sigma_{ij}$$

$$制約条件：E(r_P) = \sum_{i=1}^{n} w_i E(r_i)$$

$$\sum_{i=1}^{n} w_i = 1 \qquad （ウェイトの合計は100\%）$$

$$w_i \geqq 0 \qquad （非負条件：空売り無し）$$

この2次計画法を用いて効率的フロンティアを導出するツールは一般的にオプティマイザーと呼ばれる.

図表9.9は，オプティマイザーを利用して得た効率的フロンティアの例である.

図表 9.9 オプティマイザーによる効率的フロンティア

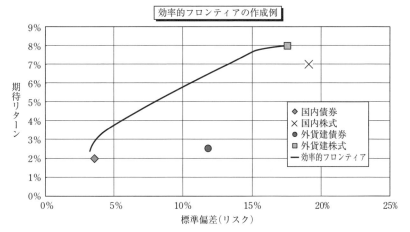

vii) 基本ポートフォリオの重要性

① 基本ポートフォリオ: 「基本ポートフォリオ」とは，資産運用を実行する際に基本とする資産構成割合のことである．例えば，「資産のうち40% を株式に，60% を債券に投資する」といった内容になる．基本ポートフォリオは，例えば投資家自身のリスク許容度に応じて効率的フロンティア上のポートフォリオを基本ポートフォリオとして選択するというような方法により設定されることが多い．

② 基本ポートフォリオの重要性: 米国における実証研究では，「運用パフ

図表 9.10 「基本ポートフォリオの重要性」の検証例

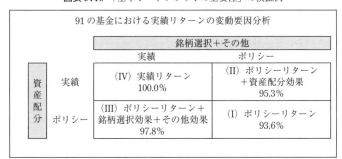

(Brinson, Hood and Beebower [1986] "Determinants of Portfolio Performance", *Financial Analysts Journal January-February 1995*)

ォーマンスの 90% は資産配分で決まる」という結果が示されており，年金資産運用における基本ポートフォリオの重要性が広く認知されている（図表 9.10）.

2) 企業年金の資産運用

ⅰ）給付建て年金の資産運用の特徴　　給付建て年金には従業員の退職等に対して約束された給付を支払う義務があるが，給付のために必要となる原資は「掛金」と「資産運用による収益」で賄うこととなる．給付建て年金では，運用結果にかかわらず給付水準は決定しているため，実際の運用収益が予定より少なかった場合には掛金等により穴埋めする必要がある．逆に，運用結果が予定より好調であった場合には余剰資産が積み上がることとなる．なお，確定給付企業年金制度では，この余剰資産のことを「別途積立金」と呼ぶ．別途積立金は掛金の引下げや給付水準の引上げに利用することもできる.

ⅱ）掛金建て年金の資産運用の特徴　　掛金建て年金は基本的には「従業員が自分のお金を自分自身で運用する」制度であり，従業員自身が投資判断を行い，結果として生じる運用差損益を会社が穴埋めする必要はないため，企業に財政検証などの義務はない．一方，従業員は，退職までの期間の長さ，貯蓄状況，ほかの退職金・年金給付の状況などを勘案して，投資対象商品を選定することとなる．そのため，掛金建て年金を導入している企業は，従業員に対して「投資教育」を行うことが義務付けられる.

　なお，近年では確定給付企業年金制度ではあるものの，給付額が運用実績に連動するキャッシュバランスプランや，リスク分担型企業年金という，純粋な給付建て／掛金建ての区分に分類することが馴染まない年金制度も登場しており，それらの制度における資産運用の特徴はこの限りではない.

ⅲ）給付建て年金の資産運用方針を決める視点　　給付建て年金では，資産運用による損失が掛金の引上げ等につながることとなるため，どのような資産運用計画を立てるかは最重要課題の 1 つであるといえる．そこで，以下では，給付建て年金における資産運用方針策定のポイントを挙げてみることとする.

　① 資産積立の基本的な考え方：　　給付建ての企業年金の積立計画は，一般的には「事前積立方式によりおおむね平準的な掛金で賄う」ことになる．ここでは，こういった制度における資産積立の特徴を「掛金，給付および運用収

益」の推移という観点で考えてみよう.

　年金制度からの給付額は一般的には年金制度の発足時は少ない. その一方で, 掛金は平準的に徴収することとなるため, 「掛金＞給付」が成り立つ間は, 毎年, その差額が年金資産として積み立てられることとなる. 他方, 昨今では現役従業員の減少と年金受給者の増加によって「掛金＜給付」が成り立ち, 年金資産が縮小していく段階にある年金制度も多数存在する.

　掛金, 運用収益と給付の典型的な推移をイメージ図で表すと図表 9.11 のとおりとなる.

　当初の AB の期間では「掛金＞給付」の状態で年金資産も増加していく. そして, 給付が徐々に増加して行き, その後, 「掛金＜給付」（BC の期間）となるものの年金資産からの運用収益が存在するため, その間も年金資産の増加は続く. すなわち, 「掛金＋運用収益＞給付」の状態である. さらに, 年数が経過して「掛金＋運用収益＜給付（CD の期間）」, 年金資産は減少に転じる. 増加している期間と異なる大きな特徴として, 運用資産を取り崩しながら給付に充てる必要が生じることにある. ただし全期間を通じた場合「掛金＋運用収益＝給付」の収支相当の原則を前提として積立は行われる.

　② 年金資産の積立計画：　積立計画とは, 「定められた給付を賄うための収入として, どの程度を掛金で見込み, どの程度を資産運用による収益から見込むか」を定めることであるといえる. 図表 9.11 でいえば, 給付額は所与として, 掛金と運用収益の割合を定めることであり, 掛金を高い水準に設定すれば「掛金＋運用収益」のグラフと掛金のグラフは近付くこととなり, その差額である運用収益の水準は小さくてもよいということとなる.

　積立計画により資産運用による収益の水準が決定されたら, 運用収益の目標も, 積立計画に見合うように決定されることとなる. 一般には, 「予定利率」

図表 9.11　掛金, 運用収益と給付のイメージ図

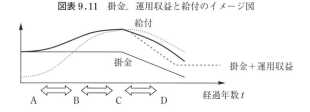

が低い場合は安全度の高い（リスクの小さい）運用が可能であるが，高い「予定利率」を目指そうとする場合には，よりリスクの大きい運用になる．

③ 企業年金におけるリスク許容度：　資産運用は不確実なものであり，不足を生じた場合は母体企業が穴埋め（＝掛金の追加拠出）を行う必要がある．ただし，母体企業の掛金負担余力が高ければ，不足を生じる可能性がある資産運用を行っても運営に大きな支障をきたさない（リスクをとって収益追求を行うことが可能）と考えられる．

　例えば，高収益企業ほど資産運用が低迷した場合の掛金負担余力が高いため，「リスク許容度」も高いといえるだろう．したがって，給付建ての企業年金にとっての「リスク許容度」は，資産運用が低迷した場合の掛金負担余力の大小に応じて決まる，との考え方も合理的であるといえる．

④ 企業年金の成熟度：　資産運用方針を決定するにあたっては，前述のとおり母体企業の「リスク許容度」の大小が重要な視点になるが，企業年金ではリスク許容度とあわせて，「成熟度」という概念が利用されることも多い．

　「成熟度」という概念を利用する意義は，母体企業のリスク許容度（掛金負担余力）が同水準であったとしても，「資産運用が年金財政に与える影響度は，年金制度の成熟化に伴って増加する．」と考えられる点にある．

　例えば，年間1億円程度の掛金負担余力（リスク許容度）がある企業で，想定される最悪の運用利回りが△5％となるような運用が可能かを考えてみる．運用損失額は即座に掛金引き上げで穴埋めするものと仮定すると，年金資産が20億円の段階での5％の損失は1億円であることに対して，年金資産が100億円の段階での5％の損失は5億円になる．したがって，想定される最悪の運用利回りが△5％となるようなリスクのある資産運用はできないことになる．

　成熟度を表す指標の例は図表9.12のようなものである．これらの指標が高くなることは，いずれも一般的に年金制度の成熟化や資産規模の増大を意味する．したがって，資産運用リスクの水準も低下させる必要があるということである．

　なお，各種の成熟度指標は，運用損失の発生リスクの大きさを直接的に定量化するものというより，複数の指標を分析することで「同様の企業年金制度との比較において，どのような状況となっているか（相対比較）」，「自社の年金

制度において，過去の推移の傾向および将来予測による推移はどのようになっていくか（時系列での比較）」等の傾向を把握することに意味があると考えられる．

例えば，いずれの指標においても成熟度の進展が急速であると見込まれるとすれば，安定的な運用に移行していくほうがよいということである．

各種の成熟度指標は「健康診断における身長，体重や血液検査の数値」のようなものであろう．例えば，どれか1つの数値がやや平均値からずれていてもそれほど深刻ではないかもしれないが，すべての数値が急速に悪化している場合や，平均値から大きく外れている場合には，どこかに原因（年金制度としての特徴や問題点）があると考えて，精密検査（年金数理人等への相談）を実施し，対応策（制度設計や掛金の見直し，運用方針の変更等）を検討したほうがよいといえるかもしれない．

成熟度を表す指標としては，図表 9.12 に例示した以外に「年金資産額÷標

図表 9.12 成熟度指標の例

成熟度指標	特　徴
年金受給権者数 ÷加入者数	一般に，企業年金制度の発足時には年金受給権者はゼロであるが，その後，年金受給権者数の増加にしたがって，（加入者数が一定であったとしても）この指標は大きくなっていく．退職世代（年金受給権者）に見合う資産運用の下ブレは原則として会社が責任を負うものの，広義では現役世代（加入者）が負担するものと考えると，指標が大きくなるにしたがって，下落リスクの大きい収益追求型の運用を行いづらくなることがわかる． 個人別年金額の多寡や個人別の対象給与の多寡を考慮していないため，この比率が必ずしも年金財政の影響を正確に表すものではないが，非常に簡便な指標であるといえる．
年間給付額 ÷年間掛金額	企業年金の掛金の給付の関係を掲載した図表 9.11 からわかるとおり，経過年数が大きくなるとともに給付額が大きくなり，この指標も大きくなる．経過年数の増加により，年金資産の規模も大きくなり，資産運用の下ブレによる影響額も大きくなるといえる． ただし，リストラ等による一時的な給付の増加等があると，この指標が短期的には不安定な推移となることもある
年金受給権者 責任準備金 ÷全体責任 準備金	「年金受給権者数の加入者数に対する比率」と同様に，現役世代と退職世代の規模を反映した指標であるといえる．さらに責任準備金は個人別の年金額や対象給与の多寡や年齢も考慮した数値であり，より年金財政の状況を反映した指標であるといえる． ただし，責任準備金という年金数理上の概念を利用しているため，企業年金に直接的にかかわっていない者にとってはやや難解な面はある．

準掛金収入現価」というものもある．この指標が1であるということは，年金資産の5%の下ブレが標準掛金の水準の5%引上げに相当するということである．また，この指標が2であれば，5%の年金資産の下ブレであっても標準掛金の引上げ水準では10%に該当するということであり，この指標が大きくなるほど資産運用の下ブレが掛金引上げに与える影響が大きくなるということである．

⑤ 企業年金における資産運用の方針： リスク許容度（掛金負担余力）と成熟度の進展（年金資産規模の増加）について概説したが，「年金資産の規模が大きい企業は企業規模も大きいため，リスク許容度（掛金負担余力）も高いのではないか」との考えもあるかもしれない．しかしながら，成熟度指標の説明でも触れたとおり，年金制度の大きな特徴として，退職世代である年金受給権者に見合う資産も年金資産の規模に含まれることに留意する必要がある．すなわち，現役世代（従業員の規模）が同規模で給付水準も同程度であっても，歴史が古く年金受給権者が多い年金制度では，掛金負担能力が変わらないにもかかわらず，収益率の低迷による掛金の上昇リスクは大きくなるということである．

　これまでの議論をまとめるならば，リスク許容度（掛金負担余力）が高いほど収益追求に重きを置いた資産運用計画を立てることができるかもしれないが，リスク許容度（掛金負担余力）が一定であっても，成熟化の進展（年金資産の規模の増大）に伴って資産運用の下ブレによるインパクト（不足額）は大

図表9.13　リスク許容度および成熟化の進展と運用リスク水準のイメージ

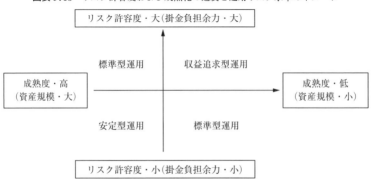

きくなるため，運用計画は市場環境や年金制度を取り巻く環境の変化を勘案
し，定期的に見直す必要があるということである.

　したがって，年金資産の運用計画の策定にあたっては，「年金制度の掛金，
給付，資産規模がどのように推移するのか（成熟化の度合い）」，「現在および
将来において，リスク許容度（下ブレした場合の掛金負担余力）に見合うリス
ク水準の運用計画になっているのか」等を十分に検討する必要があるといえ
る.これらの要素を勘案するための有力な方法として，企業年金においては
「年金ALM分析」が広く利用されている.

3) 年金ALM分析

　前述のとおり，給付建て企業年金制度の資産運用計画の策定に際しては，
「年金ALM分析」が広く利用されている.

　i) 年金ALM分析　　一般に，ALM（Asset and Liability Management）と
は，リスク管理の手法の1つで，将来の支払いという負債と積立金運用という
資産の双方のリスクを勘案して対処することである.金融機関等が，負債（約
束した利回りや，キャッシュフロー）の特性を分析し，その特性に応じた資産
運用を実施するためにALMを行う.例えば，銀行では，預金（負債）の特性
に応じた融資（資産運用）を行うためのALMを実施し，保険会社では，保険
契約（負債）の特性に応じた投資（資産運用）を行うためのALMを実施する.
また，逆に，資産の状況に応じて負債（預金や保険契約）の引き受けを見直す
こともある.年金制度においては，年金契約（負債）の特性に応じた資産運用
を行うためにALMを実施する.また，状況によっては負債の見直しを検討す
ることも含まれる.そして，年金のALMを実施する際には，年金ALM分析
が活用されている.

　年金ALM分析とは，おのおのの年金財政の特性を分析し，その特性に応じ
た資産運用計画・財政運営計画を立てるための分析手法である.

　企業年金制度は，年金数理に基づいた財政運営を行っており，その際には将
来の不確実性について図表9.14のような計算基礎率を仮定して推計が行われ
ている.

　年金ALM分析では，これらの不確実性について，さまざまなシナリオ（可

図表 9.14　計算基礎率の例

予定利率	資産運用収益の見込み，および負債算定上の割引率
死亡率	生存者または死亡者の見込み
脱退率(退職率)	制度脱退または退職者の見込み
昇給率	昇給の見込み
予定再評価率	(キャッシュバランスプランの場合)仮想個人勘定残高に対する付与利率の見込み
一時金選択割合	年金受給権を取得したもののうち，年金に代わり一時金での受給を選択する割合の見込み
新規加入者率	新規加入の見込み

能性）を想定し，年金財政の将来の掛金，給付，資産規模や積立水準の推移についてのシミュレーションを行う．そして，こうしたシミュレーション結果等を踏まえて資産運用の計画を立てて実行していくわけである．

ii）年金 ALM 分析が注目される背景　　厳しい投資環境，産業成熟化に伴う従業員構成の高齢化，年金資産運用に関する規制緩和およびそれに伴う受託者責任の徹底等，企業年金を取り巻く環境は，1990 年代以降，目まぐるしく変化してきた．また米国をはじめ各国や日本の退職給付会計基準では，毎期末の実勢金利に基づいて債務評価が行われるようになり，年金資産がこの債務を上回ることが資産運用の目標として位置付けられるようになった．年金制度の剰余金（サープラス）の確保が企業財務の安定性に大きな影響を及ぼすことになったため，年金財政運営の目標の重点が「資産のリターン／リスク」ではなく「サープラスのリターン／リスク」へと，多くの年金基金が移行している．加えて，企業年金法令上も，年金受益者の利益保護の観点から，年金制度運営者に対して運用基本方針に基づく合理的な資産運用の執行が求められることとなっている．

　こうした環境の変化を背景として，合理的な年金財政運営を行うための判断材料の 1 つとして年金 ALM 分析の重要性が高まった．

iii）年金 ALM 分析の全体像　　年金 ALM 分析の内容（例）を「① 入力データ，② 計算項目（負債および資産），③ ALM シミュレーション」に分けて整理してみると図表 9.15 のとおりとなる．

　「ALM シミュレーション」では，「計算項目（負債および資産)」で作成した政策アセットミックスの候補ごとに，年金債務に関する見通しの情報を利用し

図表9.15 年金ALM分析の内容（例）

入力データ	
現在の年金財政に関する情報	計算基準日 加入者情報(性別・年齢別の人数，給与) 年金受給権者情報(男女別・年齢別の人数，年金額) 退職年金制度情報(企業年金制度設計情報) 財政計算上の基礎率(予定利率，予定死亡率，予定退職率，予定昇給率，新規加入者率) 現在の財政決算情報(運用資産額，別途積立金額等)
資産運用に関する前提条件	金利・インフレ率等の金融市場見通し情報 各アセット・クラスの期待収益率，標準偏差およびアセット・クラス間における相関係数 資産運用にかかる制約条件
将来の人員推移や年金数理計算に関する情報	加入者推移を予測するための予定死亡率，予定退職率，予定昇給率，新規加入者率 年金・一時金選択率 そのほか，資産評価方法や，年金制度設計情報等

予測を行う項目(負債および資産)	
年金債務に関する将来の見通しの作成	加入者推移(人数，給与，脱退者数，新規加入者数等) 年金受給権者推移(人数，年金額等) 標準掛金収入額 年金給付額，一時金給付額 成熟度の評価(給付額/掛金収入，年金受給権者数/加入者数等) 数理債務，責任準備金額(継続基準) 最低積立基準額(非継続基準) 退職給付債務(企業会計上の債務)
資産運用に関するシナリオ作成	効率的フロンティアの作成，現行の政策アセットミックスの効率性の検証等 ALM計算で使用する政策アセットミックスの候補群(現在のポートフォリオと，効率的フロンティア上のいくつかのポートフォリオ)の選定 年金資産

ALMシミュレーション	
負債予測，資産予測結果の統合	年金資産額の予測 年金財政上および企業会計上の剰余金(不足金)の予測 掛金率および掛金額(特別掛金)の予測 掛金負担が許容水準よりも大きくなってしまう可能性の評価 キャッシュフロー推移

て総合的な評価を行うこととなる．ここで，資産運用収益額の将来予測にあた
っては，「モンテカルロ法」といわれるシミュレーション技法を採用すること
が一般的である．「モンテカルロ法」とは，シミュレーションや数値計算を乱
数により無数のシナリオを生成して行う手法であり，金融に限らず幅広い領域
で利用されている．年金 ALM においては，運用収益率を正規分布に従う確率
変数として捉え，乱数により数百〜数千パターンの資産運用シナリオを生成す
ることで将来時点における年金財政上および企業会計上の剰余金（不足金）の
分布状況等を評価するものである（図表9.16）．

　年金財政上の負債（数理債務および責任準備金）は資産運用に関する前提条
件によらず，将来の人員推移や年金数理計算に関する情報により推計される．
一方最低積立基準額および退職給付債務は資産運用に関する前提条件の1つで
ある金利の見通しに基づく割引率により変動するものであり，当該負債に対す
る剰余金（サープラス）のリターン，リスクは，以下の手法を用いて評価する
ことも考えられる．

　最低積立基準額や退職給付債務は割引率により評価額が変動するが，この割
引率は金利環境を反映して定められる（例えば，期末における長期国債の応募
者利回り）．その一方で，金利環境は年金資産（国内株式，国内債券，外国株
式，外国債券）にも影響を及ぼす場合がある．そこで，金利環境の変動を媒介

図表9.16 ALM シミュレーションの仕組み

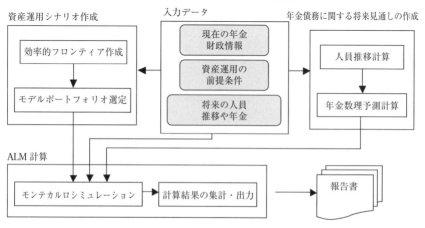

として，年金資産と，最低積立基準額や退職給付債務の差額であるサープラスの変動性を検証するという手法をとる．

　サープラスの期待収益率・標準偏差を評価することで，年金制度における剰余金がなくなる確率（すなわち，積立不足が発生する可能性）等を評価することが可能となり，このような検証結果を踏まえて年金制度に相応しい資産配分を選定しようとするものである．

　ここでは，資産運用計画の策定で広く利用されている年金 ALM 分析の概略について述べてきたが，年金 ALM 分析については「実施すれば最適な資産配分が 1 つ定まる」というような性質のものではないということについては十分に留意する必要がある．なぜならば，年金 ALM 分析は多数の前提条件に基づくシミュレーションであり，前提の設定によって結果も大きく左右されるからである．このため，年金 ALM 分析では，資産運用シナリオの作成の基となる前提（資産別の期待収益率やリスク）や年金債務に関する将来見通しの前提等について，企業年金側と分析担当側（年金数理人や年金コンサルタント等）が十分に協議を行った上でその後のステップに進むことが非常に重要である．これらの協議や中間報告の内容に基づき，年金財政の現状や将来見通し，資産運用計画との関連等についての理解を深めることで，年金 ALM 分析の実施が企業年金にとってより意義深いものになると考えられる．したがって，年金 ALM 分析に携わる者にとっては，年金債務，資産にまたがる専門的な内容を十分理解していることだけでなく，それらをわかりやすい言葉で説明できることも非常に重要なスキルであると考えられる．

9.2 年金運用の実際および最近の動向

1) 年金運用の実際

　年金 ALM 分析を実施して政策アセットミックス（基本ポートフォリオ）を策定したとしても，それだけで年金資産運用の十分な効率性が得られる訳ではないため，次のような視点の検討も必要になる．

　i）リバランス　　資産運用計画を立てた当初は政策アセットミックスどおりのポートフォリオでスタートしたとしても，その後，資産の時価は絶えず変

動しており，実際の各資産の構成比率（例えば，国内株式，国内債券，外国株式，外国債券）は政策アセットミックスと乖離してくる．したがって，この乖離を調整することも重要である．このような調整のことを「リバランス」と呼ぶ．

リバランスの方法としては，例えば，以下のような考え方がある．

① 定期的にリバランスを実施する

② 一定範囲の許容乖離幅を設けて，その許容乖離幅を超えた場合にリバランスを実施する

③ 定期的にリバランスを実施するとともに，許容乖離幅を超えた場合にもリバランスを実施する

さらに，リバランスを実行する際にも「政策アセットミックスどおりの資産配分となるようにリバランスを実施する」，「許容乖離幅以内の一定幅までリバランスを実施する」等の方法が考えられ，どのような方法が効率的かを検討した上で，リバランスルールを定める必要がある．

基本ポートフォリオからわずかでも乖離する度にリバランスを実施すべきであるという考え方もあるが，実際には上述のように，一定の条件に該当した場合にのみリバランスを行うルールが設定されることが多い．これは，リバランス自体にも売買手数料を含めたコスト負担が必要であり，むやみにリバランスを実施してしまうと余分なコストがかかるため，結果的に運用の効率性を低下させることになる可能性が高いためである．

ii）付加価値の追求（パッシブ運用とアクティブ運用）

① 資産配分における付加価値の追求：　前節で述べた「リバランス」は，「事前に定めたルールどおりに時価の変動による資産配分の歪みを補正する方法」，すなわち「政策アセットミックスを極力堅持しようとする手法」といえるが，「短期的な市場の見通し（相場観）に基づき，政策アセットミックスからの乖離を容認したり，積極的に政策アセットミックスから乖離させたりする方法」をとることも考えられる．このような運営は，TAA（タクティカルアセットアロケーション）と呼ばれ，資産配分における付加価値の追求手段の1つである．

② 個別資産における付加価値の追求：　政策アセットミックスを策定する

図表 9.17　代表的な市場インデックス

	インデックス名	概　容
国内株式	東証株価指数 （総合・配当込み）	対象は，東証 1 部上場の全銘柄（ただし，整理ポスト割当銘柄，新規上場から一定期間経過していない銘柄等は算出対象外）．指数は時価総額加重方式（1968 年 1 月 4 日＝100）で計算．
国内債券	NOMURA-BPI （総合）	対象は，国内発行の公募固定利付円貨建債券で，残存額面 10 億円以上，残存期間 1 年以上．事業債，円建外債，MBS および ABS の場合，A 格相当以上の格付．
外国株式	MSCI-KOKUSAI	対象は，日本を除く先進 22 ヵ国（2019 年 3 月末時点）．（一部の国を除いて）国・地域ごとにカバレッジが一定のレンジ（80～90%）に収まるように採用銘柄数を決定．
外国債券	FTSE 世界国債	対象は，一定の規模（対象市場の発行残高が 500 億米ドル相当等）を 3 ヶ月連続で満たし，発行体の自国通貨建長期債務の格付が BBB−(S&P)/Baa3(Moody's)以上である自国通貨建国債市場（2019 年 3 月末時点で 22 ヵ国）．

場合に想定している投資資産の特性は，おおむね当該資産の属する市場全体と同じであると仮定することが多い．例えば，国内株式，国内債券，外国株式，外国債券であれば，それぞれ，「東証株価指数（総合・配当込み）」，「NOMURA-BPI（総合）」，「MSCI-KOKUSAI インデックス」，「FTSE 世界国債インデックス」といった，一定の市場全体の値動きと連動する指標（市場インデックス）が利用されることが多い（図表 9.17）．

　ここで，市場インデックスどおりのパフォーマンスを目指す運用のことを「パッシブ運用（あるいはインデックス運用）」という．すなわち，パッシブ運用の場合は，当該資産に含まれる多数の銘柄の間の有利不利を事前に予想することは難しいと考えて，個別銘柄の評価や選択をしない運用といえる．

　これに対して，各資産内で個別銘柄の選択を行い，相対的に有利な銘柄を買い，逆に不利な銘柄を買わないようにすることにより，市場インデックスを上回る運用成果を目指す運用もある．例えば株式であれば，将来の成長性が高そうな会社や，株価が割安に放置されている会社に注目して銘柄を選択することで，市場全体よりも高い運用成果を狙おうとする戦略である．このような運用を「アクティブ運用」という．

　以上を取りまとめて年金運用の運用成果（パフォーマンス）の構成をイメー

図表 9.18　パフォーマンス構成のイメージ図

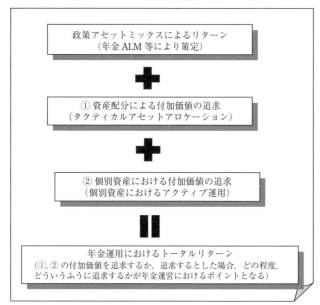

ジ図にすると，図表 9.18 のようになる．

iii）マネージャー・ストラクチャー　　「政策アセットミックスの策定」，「（策定後の政策アセットミックスに対して）どの程度の付加価値を追求するか」等の基本方針を定めた後は，実際に「どのような運用機関に，どのような資産運用を任せるのか」を決定し，各運用機関に提示することとなる．行政当局の通知上，確定給付企業年金は，運用資産構成・運用手法（運用スタイル）等を定めた「運用ガイドライン」を各運用機関に提示しなければならない．その際，年金資産を複数の運用機関に分散して運用を委託することが一般的であるため，各運用機関の役割を明確にして運用機関に指示を行うことが必要になる．

　このように，「年金資産全体としてのマネージャー（運用機関）の役割構成」のことを「マネージャー・ストラクチャー」という．運用機関への運用委託の方法としては，投資資産ごとに「アクティブ運用とするのか，パッシブ運用とするのか」，「資産横断型とするのか，特化型とするのか」等があり，「マネージャー・ストラクチャー」の構築に際しては，リバランス実務への対応や各社

における役割期待を年金資産全体として整理した上で，各マネージャーごとに年金資産運用を委託することとなる．

iv）年金資産運用における「PLAN＝DO＝SEE」　政策アセットミックス構築からマネージャー・ストラクチャーまでを概説してきたが，これらを含む年金資産運用の全体のサイクルを俯瞰してみよう．

年金資産運用においても，企業経営等と同様に「PLAN＝DO＝SEE」サイクルが重要であるといえる．これまでの議論を踏まえて，各ステップの概要を整理しておこう．

① 計画（PLAN）：　おのおのの企業年金制度の特性に基づき，「年金資産の運用基本方針」と「運用ガイドライン」を策定する．資産運用の計画策定のための1つの有効な手法としては，前述のとおり「年金 ALM 分析」がある．

年金資産の運用基本方針として定めるべき主な項目は次のとおりである．

- 年金資産の運用目的（期待収益率も含む）
- 資産構成に関する事項（政策アセットミックス，制約条件等）
- 運用業務に関する情報の報告，開示の内容および方法に関する事項（資産運用機関とのミーティング，報告内容等）
- 運用にあたって遵守すべき事項（資産規模，成熟度，母体企業の状況等に応じた事項）
- そのほか運用業務に関し必要な事項（資産運用機関の選択や評価の基準等）

政策アセットミックスとは，自身の年金財政の特性に応じて設定する基本ポートフォリオのことである．前述のとおり将来の資産運用成績（リターン）への影響が最も大きい要素であり，政策アセットミックスの決定は年金資産の運用計画の策定において最重要課題といえる．

② 実行（DO）：　計画（PLAN）に沿って資産運用を実行する．具体的には，年金制度全体としての付加価値の追求を行うかどうかを決定し，その上でマネージャー・ストラクチャーを検討し，資産運用機関（信託銀行，生命保険会社，投資顧問会社等）および運用商品への年金資産配分の割合を決定する．選定にあたり投資対象商品のリスク・リターン特性や運用スタイル，リターンの源泉，時価算出の方法やプロセス，情報開示体制，運用報酬等のコスト等を

総合的に評価した上で最も適切と思われる資産運用機関および運用商品の選択を行う．運用コンサルタント等専門家の助言を活用することも広く普及している．

基金は，資産運用機関に対して運用基本方針・運用ガイドラインを提示し，資産運用機関は，その運用基本方針・運用ガイドラインに沿った資産運用を実施する．また，資産運用機関は定期的に資産運用状況について報告する．

③ 評価（SEE）： 資産運用（DO）の結果を定期的に評価する．結果の評価の際は，個々の運用機関の評価と企業年金全体としての評価とに分けて考える必要がある．

〔資産運用機関の評価〕

• 運用基本方針に沿った投資行動を実施したか（定性的評価）

• 運用パフォーマンスの評価（定量的評価）

〔企業年金全体としての評価〕

• 年金資産全体として，運用基本方針に沿った資産運用となっていたか

• 運用パフォーマンスの評価（目標とした期待収益率との比較）

• 財政決算等における財政検証

ここで評価した結果を将来の資産運用に反映していくこととなる．すなわち，評価結果に基づいて資産運用計画（PLAN）の見直しや，資産運用機関の見直し等を行う．

2) 最近の動向

最後に，企業年金の資産運用の動向として，「年金資産運用手法の多様化」および「目的別資産管理」について触れておくこととする．

i）年金資産運用の多様化

① オルタナティブ投資： 伝統的な資産運用（株式，債券等の有価証券を売買・保有する）に対して，オルタナティブ投資といわれる投資対象・手法が，年金資産運用においても広く採用されている．

資産運用業界において，「オルタナティブ投資」というものがはっきりと定義されている訳ではないが，厚生労働省の「確定給付企業年金に係る資産運用関係者の役割及び責任に関するガイドライン」によれば，「株式や債券等の伝

図表 9.19 オルタナティブ投資の区分例

伝統的な資産以外の資産の例	伝統的投資手法以外の手法の例
① 非上場の株式および債券 ② 不動産 　（ア）上場 REIT（不動産投資信託） 　（イ）私募 REIT ③ 実物資産 　（ア）インフラストラクチャー資産（事業） 　（イ）農作物 　（ウ）石油，ガス等 　（エ）金，プラチナなど ④ 保険リンク証券 ⑤ 担保付ファイナンス 　（ア）資産担保証券 　（イ）バンク・ローン 　（ウ）CLO 　（エ）売掛金債権	① 安定収益志向の戦略 　（ア）レラティブ・バリュー 　（イ）マルチ・ストラテジー ② 高収益追求志向の戦略 　（ア）ロング・ショート（株式・債券） 　（イ）イベント・ドリブン 　（ウ）グローバル・マクロ ③ 分散投資戦略 　（ア）マネージド・フューチャーズ 　（イ）ショート・バイアス（株式・債券） 　（ウ）テール・リスク・ヘッジ

統的な資産以外の資産への投資」，または「デリバティブ等の伝統的投資手法以外の手法を用いる投資」に大別される（図表 9.19）.

　オルタナティブ投資の取り組みは，図表 9.20 のように多様な投資対象資産および投資手法への分散により，リスク・リターン効率を高めることが主たる目的である．他方，伝統的な資産はベンチマークや一定の市場規模等から常に合理的な価格形成が期待できるものの，オルタナティブ投資においてはその限

図表 9.20 オルタナティブ投資に取り組む意義（イメージ）

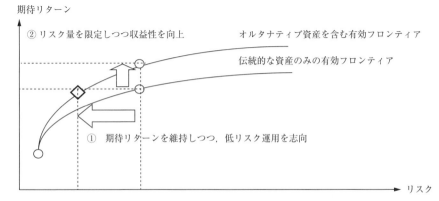

図表 9.21 オルタナティブ投資における留意点の例

項　目	留意点の概要
・リスク量の評価	・必ずしもリターンは正規分布に従わない. ・実績の十分でない投資対象・投資手法が存在することから，過去実績に基づくリスク推計が適切でない場合も. ・危機時など，伝統的資産と高い相関で著しく損失を被ることもあった. ・組み入れる投資対象資産，手法のみならず，運用者の特性によりリスク特性が異なるため個別ファンドごとの十分な理解が肝要.
・流動性	・市場規模が十分でないため，売却したい時に取引が成立しない，または投げ売りを求められる場合がある. ・需要過多のため組み入れたい資産を組み入れたい金額で購入できない可能性.
・プライベート性	・相対取引であるため，流動性に乏しく，値付けも日々行われるわけではないため，いざ価格が付いた際に，予期しなかった価格となる可能性. ・個別性が強く情報も少ないため調査分析は困難を伴う. ・投資期間中は資金の固定化は不可避であることが一般的.
・コスト	・一般に伝統的な資産への伝統的な投資手法と比較して高い運用報酬. ・ヘッジファンドや非上場性資産においては成功報酬型の運用報酬体系が採用されることも一般的.

りではない．したがって，年金資産運用においてオルタナティブ投資に取り組む場合には，投資対象・手法を適切に理解した上で，その特徴およびリスクについて把握した上で企業年金としてどのように取り組むのか（取り組まないのか）を決定する必要がある．

　なお，企業年金連合会の「資産運用実態調査」（2018年度）によれば，65.9％の企業年金が何らかのオルタナティブ投資を実施していると回答されており，確定給付企業年金における回答では単純平均で年金資産全体の17.5％が配分されている．

　② 為替リスク管理：　外国株式，外国債券の運用については，外国の株式や債券に投資すると同時に，投資対象国の通貨にも投資するということであり，パフォーマンスが円ベースで測定されることを考え合わせると，投資成果が為替相場の動向にも大きく影響されることになる．その一方で，外国株式や外国債券に対する運用能力の高い運用機関が為替リスクの管理能力も高いとは限らない．また，特に債券においては発行通貨建てでは価格変動性が低いことを想定して投資されているものの，為替変動により自国通貨建てで評価した際

図表 9.22 為替リスクヘッジ効果イメージ

	為替レート	外債価格	為替ヘッジなし	為替ヘッジあり
当初	107 円/ドル	100 ドル	10,700 円で債券を 1 単位購入	10,700 円で債券を 1 単位購入 90 日後 100 ドルを 106.5 円/ドルで売って円に交換する為替先物契約を締結
90日後	120 円/ドル	100 ドル	債券の円貨価値は 12,000 円に上昇 1 単位保有継続	債券の円貨価値は 10,650 円に下落 債券を 1 単位売却し 0.8875 単位買戻し
	90 円/ドル	100 ドル	債券の円貨価値は 9,000 円に下落 1 単位保有継続	債券の円貨価値は 10,650 円に下落 債券を 1 単位売却し 1.1833 単位買戻し
時間経過による影響			90 日後の為替次第で円貨価値が変化 保有単位数は一定	円貨価値は確定も 50 円のコストを負担 保有単位数の調整により円貨価値を維持

の変動性が高いのであれば，安定的収益を期待する役割にはそぐわないとの見方もある．

　そこで，為替リスクについては，ファンドごとに全額為替先物契約（将来の外貨取引レートを現在確定する取引）を通じて変動性を抑制することが広く行われている（図表 9.22）．また為替リスク管理能力の高い運用機関に年金資産全体で一元的に管理させるという考え方があり，日本においても「為替オーバーレイ・マネージャー」を採用する企業年金の実例もみられるようになっている．

ii）目的別資産管理

　（ア）基本ポートフォリオの大枠化（安定資産と収益追求資産）：　これまでの年金資産運用は，国内債券，国内株式，外国債券，外国株式といった，「伝統的資産」および伝統的資産に分類されない「オルタナティブ投資」などの各資産クラスごとに資産配分割合を決定する方法が広く採用されていた．他方，グローバル経済の進行により各資産クラス間の相関が強まる傾向にあり，例えば株式市場はグローバルに連動する傾向が強く，国内株式と外国株式それぞれに分散投資することによるリスク低減効果は限定的になりつつある．また，資産クラス別配分の場合，金融変数に依存したリスク量測定となりがちであり，

特に市場環境が大幅に悪化するような危機時にはリスクの過小評価が生じることもある．こうしたことを踏まえ，大きくリスク・リターン特性の異なる「安定資産」と「収益追求資産」の2つの資産に対する資産配分割合のみを定めるアプローチが広まりつつある．

例えば，安定資産としては価格変動性が高くないと見込まれ安定的な利息収益を見込むことができる先進国債券（外国債券においては為替リスクをヘッジしたもの）を，収益追求資産としては一定の運用リスクを前提として安定資産よりも高い収益実現を目指す国内外の株式等を，おのおの代表的な組入れ対象として，それぞれの目的別に資産を区分し管理する手法が考えられる（図表9.23）．

（イ）実践アセットミックス：　前述の政策アセットミックスを中長期の基本となる資産配分計画とする一方，実際には2資産の内枠において多様な資産への分散投資が行われる．この分散投資戦略について，策定時点における投資環境に応じて，大枠で定めた2つの資産区分それぞれのなかで，資産の目的に合致するさまざまな投資対象資産に分散投資を行うことを定めた資産配分計画を実践アセットミックスとして定めるものである．具体的な組み入れ対象を明示的に定めず，日進月歩の資産運用の世界においてその都度利用可能な投資対象資産の発掘を前提に，あらかじめ定めた目的および要件に適合する資産を柔軟に組み入れることを可能とする（図表9.24）．

図表9.23　リスクの過小評価の回避

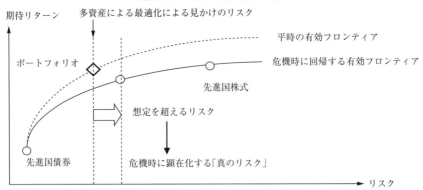

図表 9.24 典型的な目的別資産管理

政策アセットミックス （長期的に維持）	定　義	実践アセットミックス （細分化・固定化せず環境に応 じて見直し）
安定資産 XX%	限定的なリスクで一定の収益を期待 できる資産 • 国内債券を基本に • 環境次第で分散投資	国内債券
		先進国債券，投資適格債券
		生命保険一般勘定
		キャッシュ
収益追求資産 YY%	安定資産で賄えない必要収益の獲得 を目指す資産 • グローバル株式を基本に • 投資機会の存在や分散効果に応じ て柔軟に構成	株式(上場，未上場)
		新興国債券，投資非適格債券
		ヘッジファンド
		そのほかオルタナティブ

3) まとめ

　第9章では「企業年金の資産運用」と題して，企業年金における資産運用計画の策定からマネージャー・ストラクチャー，その後のモニタリングによるリスク管理について概説した.

　企業年金は比較的長期にわたって投資を行うため，一般にリスクをとることのできる投資家とされる. ただしリスクをとるということは，短期的に一定の損失が発生することも，期待収益の実現には時間を要することも許容することでもある. またとることのできるリスクの程度は企業年金やその成熟度によりさまざまであり，とったリスクについては適切なリスク管理，具体的には将来の結果が想定範囲内に収まるように取り組むことが望まれる.

　資産運用計画において広く利用されている「年金ALM分析」は，年金数理人が取り組むべき業務の1つであるといえるが，年金制度の負債分析のみならず，本来的には企業年金の資産運用における投資対象資産の定め方や採用する資産運用手法とも関連した非常に広い範囲にわたる分析であり，リスク管理の出発点とされることが一般的である.

　これまでのところ，企業年金の資産運用における投資対象資産の定め方や資産運用手法については，資産運用ビジネスの一環として企業年金に提案されることが多かったように思える. しかしながら，企業年金において制度設計と資産運用は車の両輪にたとえられるように，本来的には企業年金の資産運用の目

的や積立計画の意味を十分に理解した上で，年金制度に相応しい運用手法が提案されるべきであるといえる．

給付建て年金と掛金建て年金の中間的なキャッシュバランスプランやリスク分担型企業年金の導入等，制度設計の選択肢が広まり，近年では負債をより重視した運用戦略の立案が注目される等，これまで以上に制度設計と資産運用が密接に関連した形態での年金制度運営が模索されている．したがって，企業年金にとって望ましい資産運用における投資対象資産の有り方や新しい資産運用手法等についても，年金制度設計の専門家である年金数理人は，今まで以上に関心をもつ必要がある．

◆ 練 習 問 題 9 ◆

1. 証券 A，証券 B の期待収益率，標準偏差，相関係数が以下の関係にあるとき，証券 A，証券 B を組み合わせたポートフォリオの標準偏差がゼロとなる場合の投資割合を求めよ．

	証券 A	証券 B
期待収益率	μ_a	μ_b
標準偏差	σ_a	σ_b
相関係数	-1	

2. 年金 ALM を実施することの意義について論ぜよ．
3. 企業年金の資産配分に影響を与える可能性があると考えられるものを列挙して，その理由について論ぜよ．

練習問題解答

第1章

1. 主なポイントは次のとおり.

*背景: 2004（平成 16）年の法改正以前においては，5 年ごとの財政再計算の際に，給付と負担が均衡するよう将来の保険料引上げ計画を策定するとともに，必要に応じて制度改正が行われ保険料率等の改正を行っていた．2004 年の法改正では，このような方法を改め，将来の保険料率をあらかじめ法律で定め，年金を支える力の減少や平均余命の伸びに応じて給付水準を調整することによって財政の均衡を図る仕組みが組み込まれた．この仕組みが，マクロ経済スライドと呼ばれる．2004 年の法改正以降は，5 年ごとに財政検証を行い，どの程度まで給付水準を調整する必要があるかを推計し，財政検証を行った時点で調整を終了しても後述する財政均衡期間にわたって年金財政の均衡が図られる見通しとなっているのであれば，給付水準の調整を終了することとされた．

日本では死亡率と出生率が低下してきたことに加え，第 1 次ベビーブームと第 2 次ベビーブームの人口の偏りが他国に比べ強く，これらが順次高齢化することから，人口構成の高齢化が急速に進んでいる．このため，高齢者 1 人を支える現役人口は急速に減少してきており，今後もその傾向が継続するものと見込まれている．

*仕組み: 賃金や物価の変動に基づいて年金額を見直す（再評価する）仕組みは残しつつも，公的年金全体の被保険者数の減少と平均余命の伸びを勘案した「スライド調整率」によって年金額を抑制する．具体的には，次の算式を用いて年金額を変動させる．

年金を初めてもらう人（新規裁定者）

：年金改定率＝賃金の変動率－スライド調整率

年金をもらっている人（既裁定者）

：年金改定率＝物価の変動率－スライド調整率

ただし，賃金や物価の上昇が小さく，この仕組みを適用すると名目額が下がってしまう場合には，調整の結果がゼロになるまでに留める．賃金や物価の伸びがマイナスの場合にはスライド調整は行わない．

　＊課題：　マクロ経済スライドには，上述の例外があるため，昨今のようなデフレ環境下ではスライド調整機能が発動されない場合が多いという課題が指摘されている．2018 年度からキャリーオーバー制度が導入されてはいるものの，スライド調整機能が十分に発動しない状態が続けば，財政検証で想定されたような財政の均衡が図られなくなる恐れがある．

2. 以下の変化を踏まえ，これらに対応できる企業年金制度が切望されるようになった．

　• 運用・経済環境の変化：　1989（平成元）年度以降，運用環境が厳しくなる一方で，母体企業自体の経営環境も苦しく掛金の追加拠出は容易ではないため，安定的な制度運営が求められるようになった．

　• 退職給付会計の新基準導入：　2000（平成 12）年度より退職給付会計の見直しが図られ，いわゆる隠れ債務が表面化することになり，企業の財務体質の健全性が問われ，給付建ての退職金・年金制度自体を見直す動きが出てきた．

　• 産業構造・雇用形態の変化：　企業年金間での合併・分割・権利義務移転や転職時の年金資産の移換（ポータビリティ）を確保できる年金制度の要請が高まってきた．

3. 厚生年金基金制度において，代行部分を国に返上し，同時に新たな確定給付企業年金制度を立ち上げることによって，上乗せ部分のみの年金給付を継続支給することが可能となった．従来は，代行部分を国に返すには，厚生年金基金制度を廃止するしかなく，上乗せ部分の年金制度も廃止されていた．

第2章

1. x 歳の人は今後，時期は不明であるが必ず死亡する．

$$\sum_{t=0}^{\omega-x-1} d_{x+t} = \sum_{t=0}^{\omega-x-1} (l_{x+t}-l_{x+t+1}) = (l_x-l_{x+1}) + (l_{x+1}-l_{x+2}) + \cdots + (l_{\omega-1}-l_\omega) = l_x$$

2. （20 歳刻みの数値のみ表記）

x	l_x	q_x	p_x	d_x	e_x
20	10000	0.012500	0.987500	125	40.0
:	:	:	:	:	:
40	7500	0.016667	0.983333	125	30.0
:	:	:	:	:	:
60	5000	0.025000	0.975000	125	20.0
:	:	:	:	:	:
80	2500	0.050000	0.950000	125	10.0
:	:	:	:	:	:
99	125	1.000000	0.000000	125	0.5

第3章

1. 以下の表のとおり．

年齢	加入員数合計	脱退者数合計	粗製脱退率	5点移動平均脱退率
25	121.5	5	0.04115	
26	138.0	5	0.03623	
27	145.5	7	0.04811	
28	120.0	11	0.09167	
29	108.0	4	0.03704	
30	94.5	4	0.04233	0.03936
31	80.5	1	0.01242	0.03137
32	75.0	1	0.01333	0.03608
33	58.0	3	0.05172	0.02762
34	66.0	4	0.06061	0.02748
35	76.0	0	0.00000	
36	85.0	1	0.01176	
37	87.0	3	0.03448	
38	87.5	3	0.03429	
39	85.0	1	0.01176	

2. ・ベースアップなしの場合

$$25\,\text{歳の給与}=22\,\text{歳の給与}\times\frac{b_{25}}{b_{22}}=200{,}000\times\frac{1.2815}{1.1126}=230{,}361$$

・ベースアップがある場合

$$25\,\text{歳の給与}=22\,\text{歳の給与}\times\frac{b_{25}}{b_{22}}\times(1.01)^{25-22}$$

$$=200{,}000\times\frac{1.2815}{1.1126}\times(1.01)^3=237{,}341$$

第4章

1. 予定利率を i とし，$v=1/(1+i)$ とすれば，

$$\ddot{a}_{\overline{n}|}=\frac{1-v^n}{1-v}=\frac{1-v^n}{iv}$$

したがって，$v^n=1-iv\ddot{a}_{\overline{n}|}\cdots\cdots$①

また，終価率を $\ddot{s}_{\overline{n}|}$ とすると

$$\ddot{s}_{\overline{n}|}=\frac{(1+i)\{1-(1+i)^n\}}{1-(1+i)}=\frac{(1+i)^n-1}{iv}=\frac{1-v^n}{iv^{n+1}}$$

ここに①を代入すると

$$\ddot{s}_{\overline{n}|}=\frac{1-(1-iv\ddot{a}_{\overline{n}|})}{iv(1-iv\ddot{a}_{\overline{n}|})}$$

したがって，$iv(1-iv\ddot{a}_{\overline{n}|})\ddot{s}_{\overline{n}|}=iv\ddot{a}_{\overline{n}|}$，$iv\neq0$ なので，両辺を iv で割れば

$$\ddot{s}_{\overline{n}|}-iv\ddot{a}_{\overline{n}|}\ddot{s}_{\overline{n}|}=\ddot{a}_{\overline{n}|}$$

この式を i について整理すれば

$$i=\frac{\ddot{s}_{\overline{n}|}-\ddot{a}_{\overline{n}|}}{\ddot{a}_{\overline{n}|}\ddot{s}_{\overline{n}|}-(\ddot{s}_{\overline{n}|}-\ddot{a}_{\overline{n}|})}$$

これに $\ddot{a}_{\overline{n}|}=12.69091$，$\ddot{s}_{\overline{n}|}=18.38022$ を代入すれば，$i=2.5\%$.

2. 求める年金現価率は

$$1+vr+v^2r^2+\cdots\cdots+v^{n-1}r^{n-1}$$

であり，$vr\neq1$ であることからこの年金現価率は

$$\frac{1-v^nr^n}{1-vr}$$

となる.

3. 現価率＝$1 \div 1.02 + 3 \div (1.02 \times 1.03) + 10 \div (1.02 \times 1.03^3 \times 1.04)$

$\qquad = 0.9803922 + 2.8555111 + 8.6269010$

$\qquad = 12.4628043$

現　価＝1万円×12.4628043

$\qquad = 124,628$ 円（円未満四捨五入）

第 5 章

1. 特別掛金（補足的な掛金）の設定が必要となる場合は以下のとおり.

① 制度導入前の勤務期間（過去勤務期間）を通算して給付額を計算する年金制度を導入する場合において，採用する財政方式に基づく標準掛金が将来勤務期間に対応する給付のみを対象として算定しているとき.

② 制度に加入してくる標準的な年齢等で代表される特定の加入年齢に対応する標準掛金を加入年齢に関係なく全加入者に一律に適用しているとき.

③ 年金制度の給付改善や計算基礎率の変更を行った結果，給付原資に不足が生じることとなったとき.

④ 計算基礎率等について，年金数理上の予定と実態との間に乖離が生じた結果，給付原資に不足が生じることとなったとき.

2. 平準積立方式の掛金の総額は単位積立方式に比べ少なくなる.

〔理由〕 個々の加入者に関して，単位積立方式の標準掛金が，通常，年齢が上がるほど増加していくのに対し，平準積立方式の標準掛金は加入期間中の全期間にわたって平準化されている. このことから，制度加入当初は平準積立方式の標準掛金のほうが単位積立方式の標準掛金より大きいがその後単位積立方式のほうが大きくなることがわかる. このように，平準積立方式では全体として掛金拠出のタイミングが単位積立方式に先行する. したがって，積立金の運用収益を稼げる期間が相対的に長くなり，その分見込まれる運用収益の総額が多くなる.

3. 確定給付企業年金制度または厚生年金基金制度において，数理債務（給付債務）は，給付現価から標準掛金収入現価を控除した額と定義し，年金制度の積立金の積立目標水準としている. これに対し，責任準備金は，

数理債務から特別掛金収入現価を控除した額と定義し，各年度の財政状況を把握し掛金の見直しの要否を判定する上での基準額としている．

第6章

1. (1) 外部から年金制度への資金の出入りは給付額（期始払い）および掛金額（期始払い）に限定されているので，

$$(F_n + C - B)(1+i) = F_{n+1} \tag{a}$$

$$(F_{n+1} + C - B)(1+i) = F_{n+2} \tag{b}$$

(b) から (a) を差し引いて，

$$(F_{n+1} - F_n)(1+i) = F_{n+2} - F_{n+1} \tag{c}$$

(2) (c) は，もし $F_{n+1} - F_n > 0$ であれば，年金資産は際限なく拡大することを意味し，また $F_{n+1} - F_n < 0$ であれば年金資産がいずれ枯渇することを意味する．

前者は効率的な制度運営に反し，後者は永続的な制度運営に反する．

したがって，$F_{n+1} - F_n = 0$ が成り立つ，すなわち年金資産額が一定となる．その一定の年金資産額を F とおくと，(a) は，

$$(F + C - B)(1+i) = F \tag{d}$$

と表される．そこで，(d) を $d = i/(1+i)$ の関係を使って整理すると，

$$C + dF = B \tag{e}$$

が導かれる．（証明完了）

2. (6.20) 式より

$$^U C = l_{x_r} \ddot{a}_{x_r} \frac{\displaystyle\sum_{t=1}^{x_r-x_e} v^t}{x_r - x_e} = l_{x_r} \ddot{a}_{x_r} \frac{\displaystyle\sum_{t=1}^{x_r-x_e} v^t}{\displaystyle\sum_{t=1}^{x_r-x_e} 1} \tag{a}$$

と変形できる．

一方加入年齢方式の掛金については，次のようになる．

(6.27) 式より

$$l_{x_r} \ddot{a}_{x_r} \frac{\displaystyle\sum_{t=1}^{x_r-x_e} l_{x_r-t}^{(T)} v^{x_r-x_e-t} v^t}{\displaystyle\sum_{t=1}^{x_r-x_e} l_{x_r-t}^{(T)} v^{x_r-x_e-t}} \tag{b}$$

である．

(a)，(b) で，

$$\frac{\displaystyle\sum_{t=1}^{x_r-x_e} v^t}{\displaystyle\sum_{t=1}^{x_r-x_e} 1} \tag{c}$$

と

$$\frac{\displaystyle\sum_{t=1}^{x_r-x_e} l_{x_r-t}^{(T)} v^{x_r-x_e-t} v^t}{\displaystyle\sum_{t=1}^{x_r-x_e} l_{x_r-t}^{(T)} v^{x_r-x_e-t}} \tag{d}$$

(c) は数列 $v^t (t=1, \cdots, x_r-x_e)$ の重み 1（均等）の平均であり，一方 (d) は数列 $v^t (t=1, \cdots, x_r-x_e)$ の重み $l_{x_t-t} v^{x_r-x_e-t}$ 付きの平均である．

(c) はある $^U t$（1 と x_r-x_e の中間にある数）があって，v^{Ut} に等しく，(d) はある $^E t$（1 と x_r-x_e の中間にある数）があって，v^{Et} に等しいはずである．

今重みの数列 $l_{x_t-t} v^{x_r-x_e-t}$ が t の増加関数であることから，$^E t > {}^U t$ のはずである．

したがって，$v^{Et} < v^{Ut}$

これより，$^E C < {}^U C$

すなわち制度全体の掛金額については加入年齢方式のほうが単位積立方式よりも小さいことがわかる．

なお，1 人あたりの掛金額については，加入年齢方式は一定額であるのに対し，単位積立方式は年齢とともに逓増する．制度加入当初は加入年齢方式のほうが大きいが定年までに逆転する．（図表 6.9 と図表 6.11 参照，設例では 44 歳で逆転している．）このように加入年齢方式では全体として掛金拠出のタイミングが単位積立方式より早くなることから，積立金の運用収益を稼ぐ期間が相対的に長くなる分総体としての運用収益が大きくなり，結果として掛金額を小さくすることができることとなる．

第7章

1. （1）給付債務 　　　　$10,000+3,000-60,000\times5.0\%=10,000$

　　　特別掛金収入現価 $5,000\times0.5\%\times52.758\fallingdotseq1,319$

責任準備金　　　　$10,000-1,319=8,681$

積立金 $7,500<$ 責任準備金 $8,681$ より，その差額 $1,181$ が繰越不足金となっている．

(2) 制度変更後の標準掛金率は，給付水準が従前の 90% となるため，

$5.0\%\times0.9=4.5\%$

給付債務　　$10,000\times0.9+3,000-60,000\times4.5\%=9,300$

積立不足金　$9,300-7,500=1,800$

特別掛金率　$1,800\div5,000\div52.758=0.68\%\fallingdotseq0.7\%$

(3) 変更後の特別掛金率が 0.5% を上回らないためには，

$1,800\div5,000\div$ 現価率 $<0.5\%$ $\Rightarrow$ 現価率 $>1,800\div5,000\div0.5\%=72$

現価率が 72 以上となる年数は 8 年である．

2. 再計算前の標準掛金率 $P(A)$ は，

$$P(A)=\frac{v^{(60-15)}l_x^A \ddot{a}_{60}}{\displaystyle\sum_{x=15}^{59} v^{(x-15)}l_x^A}$$

である．一方，再計算後の標準掛金率 $P(B)$ は，

$$P(B)=\frac{v^{(60-15)}l_x^B \ddot{a}_{60}}{\displaystyle\sum_{x=15}^{59} v^{(x-15)}l_x^B}=\frac{v^{(60-15)}\times0.5 l_x^A \ddot{a}_{60}}{\displaystyle\sum_{x=15}^{58} v^{(x-15)}l_x^A+v^{(59-15)}\times0.5 l_{59}^A}$$

$$=\frac{v^{(60-15)}\times0.5 l_x^A \ddot{a}_{60}}{\displaystyle\sum_{x=15}^{59} v^{(x-15)}l_x^A-v^{(59-15)}\times0.5 l_{59}^A}$$

よって，

$$P(B)\times2\div P(A)=\frac{v^{(60-15)}l_x^A \ddot{a}_{60}}{\displaystyle\sum_{x=15}^{59} v^{(x-15)}l_x^A-v^{(59-15)}\times0.5 l_{59}^A}\div P(A)$$

$$=\frac{\displaystyle\sum_{x=15}^{59} v^{(x-15)}l_x^A}{\displaystyle\sum_{x=15}^{59} v^{(x-15)}l_x^A-v^{(59-15)}\times0.5 l_{59}^A}>1$$

（なぜならば，$v>0$，$l_{59}^A>0$ より）

したがって，$P(B)>P(A)\div2$ となり，題意は示された．

3. (1) 給付債務 　　　　　　$10,000-65,000\times5.0\%=6,750$

　　　特別掛金収入現価　$400\times0.3\%\times90=108$

　　　責任準備金　　　　$6,750-108=6,642$

　　　不足金　　　　　　$6,642-6,000=642$

　(2) 許容繰越不足金　　$400\times5.0\%\times140\times15\%=420$

　　　不足金＞許容繰越不足金より掛金の見直しが必要である.

第8章

1. 以下の表のとおり.

〔退職給付債務〕

①	②	③	④	⑤	⑥		⑧	⑨	⑩	⑪	⑫
経過年数	予想退職年齢	全勤務期間	現在の勤務期間	予想給与	支給乗率		退職確率	退職給付見込額	期末までに発生していると認められる額	割引係数	退職給付債務
f	$x+f$	$p+f$	p	b_f	α_{p+f}		$_{f\mid}q_x$	⑤×⑥×⑧	$K_p(f)$ ⑨×④/③	$1/(1+i)^f$	$\sum$(⑩×⑪)
	57	10	10	300,000	10						
1	58	11	10	320,000	12		0.10	384,000	349,091	0.976	340,576
2	59	12	10	340,000	14		0.15	714,000	595,000	0.952	566,330
3	60	13	10	360,000	20		0.75	5,400,000	4,153,846	0.929	3,857,259
									退職給付債務＝		4,764,165

〔翌期の勤務費用〕

①	②	③	④	⑤	⑥		⑧	⑨	⑩	⑪	⑫
経過年数	予想退職年齢	全勤務期間	翌期の勤務期間	予想給与	支給乗率		退職確率	退職給付見込額	翌期に発生すると認められる額	割引係数	勤務費用
f	$x+f$	$p+f$	1	b_f	α_{p+f}		$_{f\mid}q_x$	⑤×⑥×⑧	$K_p(f)$ ⑨×④/③	$1/(1+i)^{f-1}$	$\sum$(⑩×⑪)
	57	10		300,000	10						
1	58	11	1	320,000	12		0.10	384,000	34,909	1.000	34,909
2	59	12	1	340,000	14		0.15	714,000	59,500	0.976	58,049
3	60	13	1	360,000	20		0.75	5,400,000	415,385	0.952	395,369
									勤務費用＝		488,327

2. 以下の表のとおり.

①	②	③	④	⑤	⑥		⑧	⑨	⑩	⑪	⑫
経過年数	予想退職年齢	全勤務期間	現在の勤務期間	予想給与	支給乗率		退職確率	退職給付見込額	期末までに発生していると認められる額	割引係数	退職給付債務
f	$x+f$	$p+f$	p	b_f	α_{p+f}		$_{f\mid}q_x$	⑤×⑥×⑧	$K_p(f)$ ⑨×④／③	$1/(1+i)^f$	$\sum$(⑩×⑪)
	57	10	10	300,000	10						
1	58	11	10	320,000	12		0.35	1,344,000	1,221,818	0.976	1,192,018
2	59	12	10	340,000	14		0.30	1,428,000	1,190,000	0.952	1,132,659
3	60	13	10	360,000	20		0.35	2,520,000	1,938,462	0.929	1,800,054
										退職給付債務＝	4,124,731

中途退職率の上昇により, 相対的に金額が小さい中途退職者への給付の可能性が高くなり, 退職給付債務の見積もり額が小さくなった.

第9章

1. 証券Aのウェイトを W_a, 証券Bのウェイトを W_b とすると,

$$W_a + W_b = 1$$

であり, また,

$$\sigma_p{}^2 = W_a{}^2\sigma_a{}^2 + W_b{}^2\sigma_b{}^2 + 2W_aW_b\rho_{ab}\sigma_a\sigma_b$$

ここで, $\rho_{ab} = -1$ であるから,

$$\sigma_p{}^2 = W_a{}^2\sigma_a{}^2 + W_b{}^2\sigma_b{}^2 - 2W_aW_b\sigma_a\sigma_b = (W_a\sigma_a - W_b\sigma_b)^2$$

したがって, $\sigma_p = 0$ となるのは,

$$W_a\sigma_a - W_b\sigma_b = 0$$

以上より, 以下の2式が成立するような投資割合を求めればよい.

$$W_a + W_b = 1$$
$$W_a\sigma_a - W_b\sigma_b = 0$$

$$\Rightarrow W_a = \frac{\sigma_b}{\sigma_a + \sigma_b}, \qquad W_b = \frac{\sigma_a}{\sigma_a + \sigma_b}$$

2. 省略.

3. 省略.

影響を与える項目については，例えば，企業年金の資産規模，母体企業の掛金負担能力，対象資産の期待収益率やリスク量（標準偏差，相関係数）等.

索　　引

ア　行

アクティブ運用　144

一時金選択率　28, 116
移動平均法　35
インデックス　145

運用ガイドライン　146
運用基本方針　147

永久均衡方式　5

オプティマイザー　132
オルタナティブ投資　148

カ　行

開放型総合保険料方式　55, 74
開放基金方式　55, 76
確定給付企業年金　2, 15
確定給付企業年金制度　24, 30,
　49
確定拠出年金　18
確定拠出年金（企業型）　2, 9
確定拠出年金（個人型）　1
確定年金　42
確定年金現価　42
掛金建て（確定拠出型）　47
過去勤務期間　49
過去勤務債務　85
過去勤務費用　119
加入時積立方式　48, 56, 76
加入年齢方式　54, 69
為替リスク管理　150

簡便法　111
元利均等償却方式　91

期間定額基準　112, 113
企業年金　1
期始払い　43
基準死亡率　31
基礎年金　1
基礎率　24
期待運用収益　118
期末払い　42
キャッシュバランス　9
給付現価　57, 63, 64
給付債務　58, 85
給付算定式基準　112, 113
給付建て（確定給付型）　47
極限方程式　63
許容繰越不足金　101
均等補正　112
勤務費用　117

計算基準日　92
計算基礎　115
計算基礎率　22, 59
現価　41
現価率　42
現在価値　22, 41
現在加入者　55, 64, 65
原則法　111

厚生年金基金　2, 11
厚生年金保険　1
公的年金　1
効率的フロンティア　131
国民皆年金　1
国民年金　1

国民年金基金　1
個人年金　1
個人平準保険料方式　53, 70
5点移動平均法　33

サ　行

財形年金　1
最終年齢　24, 32
最小自乗法　35
財政悪化リスク相当額　96
財政均衡　105
財政均衡期間　5
財政計画　47
財政計算　84
財政検証　5, 98
財政再計算　88
財政上の過不足　57, 59
財政方式　48, 60
最低加入年齢　32, 34
最低積立基準額　99
最低保全給付　99
再評価　4
サープラス　140

死差損益　103
自社年金　1
事前積立方式　48
私的年金　1
死亡残存表　24
死亡脱退数　27
死亡脱退率　27
死亡率　25, 116
終価　41
終価率　42
収支相等年齢　37, 38

収支相等の原則　47, 84
終身年金　43
障害率　28
昇給差損益　104
将来加入者　55, 64, 65
将来勤務期間　49
新規加入者差損益　105
新規加入年齢　85

数理計算上の差異　119
数理債務　58
数理上資産額　101
据置期間　43
スライド調整率　7

政策アセットミックス　143
成熟過程　70, 71, 72, 76
成熟度指標　136
生存脱退数　27
生存脱退率　27
生存率　25
静態的昇給率　28, 36
制度分立　1
生命年金　43
責任準備金　59, 63, 99
選択一時金　28

相関係数　129
総合保険料方式　54, 72
粗製脱退率　32
粗平均給与　34

タ　行

第1号被保険者　1
第2号被保険者　1
第3号被保険者　2
退職一時金　1
退職給付会計　12
退職給付債務　109, 111
退職給付に関する会計基準
　109, 111
退職給付費用　117
退職給付見込額　111
退職時年金現価積立方式　49,
　51, 67

退職率　115
タクティカルアセットアロケー
　ション　144
脱退差損益　103
脱退残存表　27
単位積立方式　48, 51, 67
単生命年金　43
単利計算　41

長期期待運用収益率　118

積立方式　48
積立目標水準　58

定常状態　61
定率方式　92
適格退職年金　10

投資教育　134
動態的昇給率　28, 36
到達年齢方式　53, 71
特定年齢方式　54
特別掛金　50, 85
特別掛金収入現価　59
トローブリッジ　60

ナ　行

人数現価　63, 65

年金ALM　139
年金給付利率　28
年金資産額　63
年金受給者　64
年金数理　22
年金数理計算　22

ハ　行

パッシブ運用　144

被保険者　1
被用者　1
標準掛金　49
標準掛金収入現価　57, 76, 85
標準報酬　5

賦課方式　48, 50, 66
複利計算　41

平均加入期間　27
平均加入年齢　37
平均寿命　26
平均余命　26
平準積立方式　48, 52, 68
ベースアップ　28, 36
ヘッジファンド　153
ベビーブーム　6

保証期間付終身年金　44
補整給与　35
補整脱退率　33
ポートフォリオ　128
　——の分散　129
　——のリスク　129
　——のリターン　128
ポートフォリオ理論　124, 131

マ　行

マクロ経済スライド　5
マネージド・フューチャーズ
　149
マネージャー・ストラクチャー
　146

モデル世帯　4
モード年齢　37
モンテカルロ法　142

ヤ　行

有期年金　43
有限均衡方式　5
有子率　28
有配偶率　28

予想昇給率　116
予定死亡率　24
予定昇給率　28, 34
予定新規加入者　37
予定新規加入年齢　37
予定脱退率　27, 32

予定利率　24, 30

ラ　行

利差損益　103
利子率　41
リスク　124
リスク許容度　136
リスク対応掛金　15, 96
リスク分担型企業年金　15
利息費用　118
リターン　124

リバランス　143
利率　41

連生年金　28, 43

老齢基礎年金　4
老齢厚生年金　4

ワ　行

割引現在価値　41
割引率　24, 112, 115

欧　文

IAS19 号　108

PLAN＝DO＝SEE　147

TAA　144
Trowbridge　60

年金数理概論 第3版
—年金アクチュアリー入門—

定価はカバーに表示

2003 年 6 月 20 日　初　版第 1 刷
2010 年 1 月 30 日　　　第 6 刷
2012 年 3 月 30 日　新　版第 1 刷
2018 年 5 月 25 日　　　第 4 刷
2020 年 4 月 5 日　第 3 版第 1 刷

編　集　公 益 社 団 法 人
　　　　日 本 年 金 数 理 人 会

発行者　朝　倉　誠　造

発行所　株式　朝 倉 書 店
　　　　会社
東京都新宿区新小川町 6-29
郵 便 番 号　162-8707
電　話　03(3260)0141
Ｆ Ａ Ｘ　03(3260)0180
http://www.asakura.co.jp

〈検印省略〉

中央印刷・渡辺製本

© 2020 〈無断複写・転載を禁ず〉

ISBN 978-4-254-29027-1　C 3058　　Printed in Japan